10年先も役立つ力をつくる

クラウドを武器にするための**知識**&**実例**満載！

クラウド
エンジニア
Cloud Engineer
養成読本

今や当たり前に使われるようになったクラウドという言葉。とはいえ、まだ実際のクラウド利用に足踏みをしている方もいらっしゃるかもしれません。また、現在すでにクラウドを利用していても、本当に使いこなせていると自信を持って言えはしないという方もいらっしゃるかもしれません。本書は、そんなあなたのための書籍です。
クラウドの全体像を知り、有名クラウドサービスの特徴と使い方を知り、そしてさまざまな事例から実際の利用に際してのノウハウを知る……。本書を片手に、「クラウドを武器として使いこなすエンジニア」への第一歩を踏み出しましょう！

技術評論社

クラウドエンジニア養成読本

Cloud Engineer

CONTENTS

> 本書はすべて、書き下ろし記事で構成しています。

特集1

◆クラウドの現在、そして未来はどうなる？

ゼロから学ぶクラウドの世界 ……… 5

佐々木拓郎

特集2

◆三大プラットフォームを使って学ぶ！

有名クラウドサービス大研究 ……… 19

第1章 Fargateによるフルマネージドなコンテナ管理
Amazon Web Services ……… 20
西谷圭介、福井厚

第2章 BigQueryによるスケーラブルなビッグデータ基盤
Google Cloud Platform ……… 39
寳野雄太、金子亨

第3章 Web Appとコンテナによるwebサーバ環境の構築
Microsoft Azure ……… 63
廣瀬一海

特集3

◆ 事例を知れば百戦危うからず！

クラウド構築＆運用の極意　　81

第1章 高度な非機能要件をクラウドで実現！
クラウド時代のインフラ設計術　　82
菊池修治

第2章 大量のデバイスからのデータをいかにさばくか？
クラウドで構築するIoTサービス　　97
松井基勝

第3章 東急ハンズの挑戦から学ぶシステムのクラウド移行
「すべてをクラウドで」実現の軌跡　　106
田部井一成、吉田裕貴

第4章 API Gateway／Lambda／DynamoDBを大活用
サーバレスで構築するSPA＆バックエンド　　125
石川修

第5章 クラウド化の受託がシステムインテグレータには辛い理由
エンタープライズにおけるクラウド利用　　139
竹林信哉

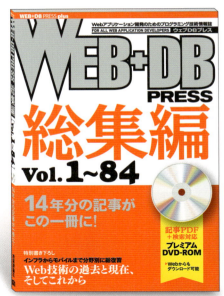

総集編 Vol.1～84

記事PDF+検索対応
プレミアム DVD-ROM
▶Webからもダウンロード可能

B5判・96ページ
定価（本体2,570円+税）
ISBN978-4-7741-7538-6

14年分の記事がこの一冊に!

特別書き下ろし
インフラからモバイルまで分野別に総復習
Web技術の過去と現在、そしてこれから

第1章 インフラ技術
Webサービスを支える技術の15年
田中慎司

第2章 サーバサイド技術
CGIからMicroservicesまで
池邉智洋

第3章 データベース技術
リレーショナルデータベースの歴史と
NoSQLの登場
桑野章弘

第4章 フロントエンド技術
Web標準を振り返り新技術の潮流に
活かす
石本光司

第5章 モバイル技術
iモードからスマホへのスピーディな
変遷を辿る
城戸忠之

技術評論社　WEB+DB PRESSのWebサイトはコチラ➡ http://wdpress.gihyo.jp/
〒162-0846　東京都新宿区市谷左内町21-13　販売促進部　TEL:03-3513-6150　FAX:03-3513-6151

特集1

クラウドの現在、そして未来はどうなる？

ゼロから学ぶ クラウドの世界

　クラウドの世界へようこそ！ 巻頭を飾る特集1では、クラウドの全体像について見ていきます。そもそもクラウドとはなにか、どんなメリットがあり、どのように始めればよいのかを紹介したうえで、現在のクラウドの潮流であるコンテナ化とサーバレスについても解説。さらにはクラウドの未来も占います。まずは本特集で、しっかりと足場を固めましょう!

佐々木 拓郎　*Takuro Sasaki*

特集1

クラウドの現在、そして未来はどうなる?
ゼロから学ぶクラウドの世界

クラウドとは？

　クラウドコンピューティング（以下、クラウド）とは、コンピューターリソースの利用形態の一種です。クラウドでは、コンピューターの計算能力、ストレージ、あるいは各種のアプリケーションの処理結果をネットワークを介してサービスとして提供します。サーバやストレージなど物理的な機器は、クラウドの提供者（サービスプロバイダ）が用意します。そのため、利用者は必要なときに必要なだけコンピューターリソースを利用できます。

　従来であれば何らかのサービスを提供しようとシステムを作るには、サーバを購入しデータセンターと契約するなどの初期投資が必要でした。クラウドを利用することにより、コンピューターリソースに対しての初期投資は、ほぼ不要になりました。たった数台のサーバでスモールスタートし、サービスがヒットすればサーバの数を数十台、数百台とスケールすることができます。不幸にしてサービスがヒットしなかった場合は、そのサーバを停止するだけでクラウドの利用をやめることができます。クラウドの普及により、より挑戦しやすい世界がやってきました。

　ここでは、まずクラウドの主要プレーヤと提供するサービスを知るために、サービスレイヤの区分けを見ていきましょう。

クラウドの主要プレーヤ

　それでは、実際にどのような会社がクラウドを提供しているのでしょうか。米国のIT調査会社であるガートナーが発表しているレポートの1つに、「Magic Quadrant for Cloud Infrastructure as a Service, Worldwide」注1というものがあります。これは、「IaaS (Infrastructure as a Service)」と呼ばれる仮想サーバやストレージなどをクラウド上で提供するサービスにおける、業界内のランク付け

を表したものです。評価軸としてはビジョンと実行能力の2つで評価され、先進性と現実的な規模で評価されています。その中では、Amazonが提供する「Amazon Web Services (AWS)」、Microsoftが提供する「Azure」、Googleの「Google Cloud Platform (GCP)」の3つが主要プレーヤとして評価されています。本書では、この3つのサービスを詳しく紹介していきます。

Amazon Web Services (AWS)

　AWSは、Amazonが提供するクラウドサービスです。2006年に仮想サーバである「Amazon EC2」と「Amazon S3」というオブジェクトストレージのサービスを出していて、3社の中では最も早くIaaSのサービスを提供しています。AWSは、仮想サーバとストレージという基本的なサービスから開始し、データベース・ネットワークとサービスを拡大していきました。このようにAWSは、汎用的でニーズの多いところから展開し、サービス規模を拡大してきました。その後、ミドルウェアやアプリケーションと領域を広げていき、2018年1月時点ではトップメニューの主要サービスのみで100を超えるサービスがあります。機能アップデートまで含めると、年間1,000以上のサービスアップデートがされているという状態です。クラウドのトップランナーとして、全方位にサービスを拡大しています。

　クラウドとしてのAWSは、地域・データセンターを意識して設計する必要があります。そのような構造のため、逆に既存のオンプレミスのしくみをそのまま移行しやすくなっています。

Google Cloud Platform (GCP)

　Googleが提供するクラウドサービスは、「Google Cloud Platform (GCP)」という名称で展開されています。最初のクラウドサービスは「Google App Engine」というアプリケーションの実行環境で、2008年に提供されました。コンテナのような技術で運用され、負荷に応じてのサービスのスケール

注1） https://www.gartner.com/doc/reprints?id=1-2G45TQU&ct=150519

特集1
クラウドの現在、そして未来はどうなる？
ゼロから学ぶクラウドの世界

アウト／スケールインも自動でかつ数秒で行われるなど、非常に先進的な技術が投入されていました。また、ビッグデータ処理の代名詞といえるような「BigQuery」など、特定の機能に特化したサービスを中心に展開されました。純粋な仮想サーバとしてのサービスは、2013年12月から提供されている「Google Compute Engine」で、ほかの事業者やGoogleのほかのクラウドサービスよりも遅めに開始されました。

GCPの特徴は、Googleが検索エンジン、Gmail、YouTubeなど自社サービスで培った技術を利用し、圧倒的なスケールにも比較的簡単に対応できるようになっていることです。2016年11月には東京リージョンが開設され、勢いが増しています。また、GCPは1つのサービスを全世界で等しく使えるというGoogleのサービスの思想に従って、地域やデータセンターを意識させない構造となっています。グローバルに展開するサービスなどは作りやすいですが、オンプレミスのしくみをそのまま移行する場合は、その特性をよく把握する必要があります。

Microsoft Azure

Microsoft Azureは、2008年に発表されプレビュー期間を経て2010年1月に正式にリリースされました。仮想サーバのサービスである「Virtual Machines」やネットワーク・ストレージ系のベーシックなサービスが充実する一方で、「コグニティブサービス」と呼ばれるようなAI系のサービスにも力を入れています。

Azureの特徴としては、長年培ってきた企業内システムをそのまま移行しやすいということが挙げられます。たとえば、「Azure Active Directory」や「Web Apps」のように、既存のActive Directory（AD）やInternet Information Services（IIS）をシームレスにクラウドに移行することが可能なサービスが多いです。クラウドに移行してもID管理は必要で、逆にいろいろな環境を利用するために重要度が増しています。そんな中で、複数のクラウドを利用する際に、ID管理はAzure Active Directoryを利用するという例も多くあります。また、開発元がMicrosoftということで、Windowsしか利用できない印象が持たれやすいですが、Linux系のOSも利用できます。

その他のプレーヤ

これら以外のプレーヤとしては、2000年の創業当初よりオンライン上でCRM／顧客管理のアプリケーションを提供してきたSalesforce.comや、IaaSを中心に提供しつつ最近では「Watson」というAIのSaaSが有名なIBM、データを中心にサービスを展開するOracle Cloudなどがあります。また、国内に目を転じても、富士通やNTTデータなどの大手や、独立系のさくらインターネットなど、さまざまなプレーヤがいます。

サービスのレイヤを知る

ひと口にクラウドといっても、さまざまなレイヤが存在します。一般的なクラウドのレイヤの区切り方としては、提供するサービスの領域・提供形態などで分類されます。代表的なものが、IaaS（Infrastructure as a Service）、PaaS（Platform as a Service）、SaaS（Software as a Service）です。その3つを基本として、現在ではさらに細分化されて呼称されることがあります。たとえば、リモートデスクトップを提供する「DaaS（Desktops as a Service）」や、プログラムの実行環境のみを提供する「FaaS（Function as a Service）」、バックエンド機能を提供する「BaaS（Backend as a Service）」、さらにモバイルのバックエンドに特化した「mBaaS（Mobile Backend as a Service）」などがあり、総称して「XaaS」と呼ばれます。

IaaS（Infrastructure as a Service）

IaaSは、仮想サーバやストレージなど物理層に近いものをネットワークを経由して提供するサービスです。また、論理的に区切ったネットワークの領域やネットワーク帯域自体もサービスに含まれます。IaaSにより、利用者は物理的なハード

7

特集1
クラウドの現在、そして未来はどうなる？
ゼロから学ぶクラウドの世界

ウェアの管理から解放されます。

● PaaS（Platform as a Service）、SaaS（Software as a Service）

PaaSは、データベースやアプリケーションサーバなどのミドルウェアをサービスとして提供します。OS層以下の部分の管理はサービス提供者によってなされ、ユーザ側はミドルウェアのみを直接利用できます。これに対してSaaSは、ソフトウェアやアプリケーションの機能を、インターネットを介して提供します。サービスの内容としては多岐にわたり、メール配信やキューサービス、業務管理システムなど、さまざまなサービスがあります。

PaaSとSaaSの区分は非常にあいまいな部分があります。一般的な理解としては、個々のサーバを意識して利用するものはPaaS、抽象化されて個々のサーバを意識しないものはSaaSと考えるのがよいかもしれません。

IaaS、PaaS、SaaSを図にすると図1のような区分けになります。ただし、レイヤを厳密に区分けすることに、意味はそれほどありません。感覚程度で押さえておけばよいでしょう。

便宜上、上記のような分類をされることが多いですが、日進月歩のクラウドの世界では実際のところレイヤに分類できないようなサービスがたくさんあります。また、サービスの範囲もネットワークの先のコンピューターリソースのみにとどまらなくなっています。「Amazon Echo」や「Google Home」に代表されるようなスマートスピーカー（AIスピーカー）や、センサーや家電などをネットワークにつなぐIoTなど、物理の世界のサービスもバックエンドではクラウド上のリソースによって動いています。もはやクラウドは、ありとあらゆる領域に広がっています。

それでは、一般的なオンプレミスとの比較としてのクラウドと、その先のクラウドの潮流を見ていきましょう。

ニューノーマルとしてのクラウド

「The Cloud is the "new normal".」これは、2014年のAWSのカンファレンスイベントである「re:Invent」で、AWSのCEOであるAndrew Jassyが言った言葉です。趣旨は、「クラウドはすでに特別なものではなく、企業が当たり前に使うものになった」ということです。事実、総務省の『情報通信白書』のクラウドサービスの利用動向によると、「日本においても一部でもクラウドサービスを利用している」と回答した企業の割合は46.9％と過半数に迫っています。また、資本金10億円以上の企業に限定すると、72.4％の企業がすでに利用しています。

それでは、なぜこれほどまでにクラウドが一般的になったのでしょうか。クラウドのメリットを確認してみましょう。メリットについては、経営的な観点と技術的な観点の2つがあります。それぞれ考えてみましょう。ここを押さえることで、何のためにクラウドを使うのか、また導入すれば何が実現できて何ができないのかを把握できるでしょう。

● 経営的な観点でのメリット

経営的なクラウド利用のメリットとしては、大きく2つあります。初期投資から解放されて小さく始められるスモールスタートと、余剰リソースからの解放です。クラウドの導入を決定するのは、経営的な判断です。たとえ技術者であっても、経営陣がどのような思考でクラウドをとらえているのか、その一端を知っていることは大切です。

スモールスタート

まず、1つめのスモールスタートです。オンプレ

◆図1　クラウドサービスのレイヤ

ミスでシステムを構築する場合は、サーバを置く
データセンターの契約から始まり、ネットワーク
回線の用意、ラック、サーバ、ネットワーク機器
の購入など多額の初期投資が必要となります。機
器部分についてはリースなどを活用することによ
りキャッシュフローを平準化することも可能です
が、総額で大きな投資をしていることには変わり
ありません。また、その機器をセットアップして
利用できる状態にするのも一苦労です。ネット
ワークエンジニアやインフラエンジニアなどによ
るセットアップが必要です。データセンターに新
規でシステム環境を構築しようとすると、どんな
に少なくても2～3ヵ月の時間が必要となります。

これに対してクラウドの場合、契約から最初の
サーバ構築まで、慣れていれば数十分で実現でき
ます。そして初期費用はゼロのことが多く、月次
の費用も利用した分に応じた従量課金です。また、
不要になって利用をやめるときに追加で費用が必
要になることもありません。こういった条件であ
れば、新しいサービスを始める際、インフラ面に
おけるコストの心配は最小限となります。一般的
に、新規のサービスやシステムを作るときに将来
の予想を正確にするのは非常に難しいことです。
そんなときに、スモールスタートが可能でいつで
もやめられるクラウドは、経営的な観点でも安心
です。

ちなみに「クラウド」と標榜しながらも、現実的
にはクラウドと呼べないようなサービスも多くあ
ります。見分け方としては、サーバを増やそうと
したときに営業担当を呼ぶ必要があるものは、似
て非なるサービスと考えるとよいでしょう。

余剰リソースからの解放

クラウドの次のメリットは、余剰リソースから
の解放です。まず、余剰リソースとは何でしょう
か。どのようなシステムでも利用状況が高いとき
と低いときがあります。企業向けのシステムであ
れば、平日日中は利用者が多くリソースの使用率
が高くなるものの、休日や夜間にはほとんど利用
されないということもあります。また、Webサイ

トの場合では、テレビや大手ポータルで紹介され
た途端に、閲覧者が数十～数百倍になるといった
こともあります。あるいは、極端な話だと月に1
回しか実行されないバッチのために多大なリソー
スを用意しておく必要があります。

このように、システムはリソースの利用率が一
定ということはありません。そのため、利用率の
高いときに合わせるとシステムリソースは余剰が
多く、利用率が低いときに合わせるとサービスを
提供できない≒機会損失が発生することになりま
す。多くのサービス提供者は、機会損失を何より
も恐れます。そのため、システムには常に余剰の
リソースが必要となります。余剰リソースは、つ
まり利益に直結しないリソースであり、逆に利益
を食いつぶすリソースです。経営者としては、こ
れを最小限にする必要があります。

スモールスタートの説明にあったように、オン
プレミスでは導入決定から実際に使えるようにな
るまでのリードタイムが大きくなります。リソー
スが足りなくなったとしても、増強するのに数ヵ
月かかる場合もあります。そのため、常に余裕を
持ってリソースを用意する必要があります。また、
ピークとオフピークの差が数百倍もあるような
サービスでピーク時に合わせてリソースを用意す
ると、通常時のリソース稼働時は数%になってし
まいます。**図2**のような形です。

クラウドのメリットの1つとして、好きなとき
に使えて、使った分だけの従量課金であるという
ことがあります。そのクラウドの特性をうまく使
うと、余剰リソースは最小にできます。たとえば、
平日の日中しか使われないシステムの場合、昼間
のサーバ数を多く配置し、夜間のサーバ数を最小
にします。また、月に1回しか行われないバッチ
の場合、そのバッチの実行時のみサーバを起動し
ます。そのほか、Webサーバのように突然のピー
ク到来に対しては、自動的にサーバ数を増加させ
て負荷に対応することができます。

もちろん、すべてのケースに問題なく対処する
のは難しいですし、ある程度の余剰リソースは依
然として保つ必要があります。しかし、クラウド

特集1

クラウドの現在、そして未来はどうなる?
ゼロから学ぶクラウドの世界

◆図2　余剰リソース

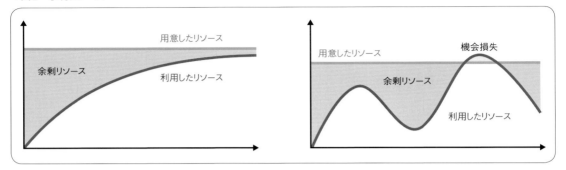

◆図3　効率的なリソース利用

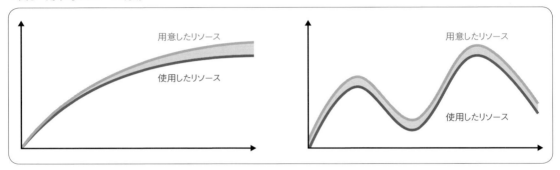

の機能を理解して正しく利用した場合、余剰リソースは最小限にできます（**図3**）。

　もう一度繰り返すと、経営面におけるクラウドのメリットとしては、スモールスタートと余剰リソースからの解放があります。つまりトライ＆エラーで積極的に挑戦できるということにあります。最近ではさらに進み、もはやクラウドでないと実現が難しいような分野も増えています。

　上記で述べたことは、会計的には資産を最小化できるというメリットもあります。興味がある方は、会計の観点からクラウドを見てみるとおもしろいでしょう。

● 技術的な観点でのメリット

　経営的なクラウドのメリットということで、少し教科書的な定義を述べました。それでは、技術的なクラウドのメリットとは何でしょうか。ここでいう技術とは、クラウドを使った設計・構築面や、構築後の運用保守面とします。クラウドの技術面のメリットとしては、物理層の仮想化とソフ

トウェアのサービス化です。これは何を指すのか、それぞれ見ていきましょう。

物理層の仮想化

　物理層の仮想化は、ユーザ側が物理層つまりサーバやストレージ、ネットワーク機器を直接意識せずに済むということです。サーバやネットワークを増強するときに、物理的なデバイスの調達や配置、設定をする必要がありません。ボタンを1つ押すだけで数分でサーバを利用できるようになりますし、夜間にサーバが故障してデータセンターに駆けつけたり壊れたハードディスクの交換のために何時間も立ち会う必要もありません。そういったことをひっくるめて、物理層の仮想化の恩恵なのです。もちろんクラウドといえども物理レイヤの上に構築されています。そのため、機器故障の影響をまったく受けないというわけではありません。個々の仮想サーバは当然止まることもあります。しかし、たとえ仮想化されたサーバが止まったとしても、すぐに別の仮想化サー

特集1
クラウドの現在、そして未来はどうなる？
ゼロから学ぶクラウドの世界

バで動かすことができます。ハードウェアを直接扱うことに比べると、管理の手間は格段に少ないです。

クラウドという形で物理層が仮想化・サービス化されたことにより、少人数で大規模なシステムを運用できるようになりました。数十〜数百万のユーザが利用するB2Cのサービスを、わずか数人のインフラエンジニアが運営しているという事例が公開されることも珍しくなくなりました。構築済みのサーバをコピーして複製することも簡単になり、サーバを1台構築するのも100台構築するのも手間としてはあまり変わらなくなった効果といえます。

ソフトウェアのサービス化

当初、クラウドは物理層をサービス化していたため、ユーザの多くはインフラレイヤのエンジニアでした。しかし、今ではクラウドの対象範囲は物理層の仮想化のみにとどまらず、ソフトウェアのサービス化まで範囲を広げています。このサービス化の中には、PaaSのようにミドルウェアをサービス化するものと、SaaSのようにソフトウェアをサービス化しAPIとして利用できるものがあります。

ソフトウェアのサービス化は、データベースやキーバリューストア型のDBなどレイヤが低いところから始まりましたが、最近では認証認可やAPI作成サービス、機械学習や人工知能など多岐にわたっています。

これらのサービスで注目すべきは、多くのものに非機能要件がもともと組み込まれている点です。非機能要件とは、システム的な要件を除いて備えておく必要がある機能全般のことを指します。たとえば、可用性や性能・拡張性、運用・保守性であったりセキュリティなどがあります。つまり利用者はサービスを利用することで、実現すべき機能やロジックのみに集中することができます。

ここでは、スモールスタートや余剰リソースからの解放、物理層の仮想化やソフトウェアのサービス化と、クラウドのメリットを4つ挙げました。

これらに共通するのは、クラウドの利用により本質的な部分や付加価値が高い部分への人的リソースの集中につながることです。

クラウドへの移行方法

それでは、既存のシステムをクラウドに移行するには、どうすればよいか考えてみましょう。対象とするシステムの種類・規模によって方法はいろいろありますが、そのまま移行するリフト＆シフト方式と、移行時に改修してクラウドに最適化する方法の大きく2つに分類できます。それぞれの基本的な考え方を知ることにより、自分が構築・移行しようとしているシステムをどのようにクラウド化するのかのヒントになるでしょう。

リフト＆シフト方式

最初のクラウドの入り方としてお勧めなのが、リフト＆シフト方式です。これは、単純に既存のオンプレミスのシステムを、そのままクラウドに移行する方法です。もちろん、そのまま移行しようとしても、オンプレミスとクラウドでは違う部分があります。その違いを埋めていくことで、短期間でかつ実用的なクラウドの知識を得ることができます。

リフト＆シフト方式のメリット

リフト＆シフト方式のメリットは、最小限の時間と費用でクラウド化できる点です。アプリケーション部分の改修は最小限なので、おもにインフラ部分のみの改修で済みます。クラウドの世界は「習うより慣れろ」です。実際に構築し、その後の運用の経験をすることにより、机上でどんなに学ぶよりも生きた知識を得ることができるでしょう。また、うまくいかなかった場合、やめてしまえばそれ以上のコストはかかりません。

実際のところ、それぞれのベンダが提供しているクラウドは、画面からの管理コンソールやコマンドラインプログラムから呼び出せるAPIなどが用意され、それらを利用するドキュメントや事例

特集1
クラウドの現在、そして未来はどうなる？
ゼロから学ぶクラウドの世界

も豊富にあります。構築するうえでのハードルは非常に小さくなっています。一方で、実際に運用して初めて気づく特性というのも多々あるのは事実です。これらはドキュメントをていねいに紐解けば、事前に把握することは可能です。しかし、時間がかかるという現実もあるので、両者のバランスを考えながら少しずつ経験値を貯めていくのがよいでしょう。

上記以外のメリットとしては、単純にハードウェアトラブルに対してのシステムの耐性が高くなるという点があります。突然の機器障害に対して、基本的には自動で復旧あるいは再起動での復旧という形にしやすいのです。運用者の負荷軽減のみならず、平均修理時間（MTTR）の向上にもつながります。

リフト＆シフト方式のデメリット

逆にリフト＆シフト方式のデメリットは、クラウドの特性を活かせないことが多い点です。たとえば、密結合なシステムをそのままクラウドに持っていけば、負荷に応じて増減させるというクラウドならではのメリットを享受するのが難しいことが多いのです。先の説明によるところの、余剰リソースからの解放が十分に享受できません。結果的に、オンプレミスに比べてコストメリットも低く、アーキテクチャ面でのメリットも受けにくいという状態になり、当初のクラウド移行の期待感に対して残念な評価につながりやすい可能性があります。

また、クラウド化することによりハードウェア的な保守期限というものが事実上なくなります。その結果として、古いシステムの更新のタイミングがなくなり、システムのライフサイクルを考えなおす必要があります。ただし、これはリフト＆シフト方式のデメリットというよりは、おもにシステム化計画の問題です。

● クラウドに最適化

リフト＆シフトに対する方法として、クラウド最適化があります。クラウド最適化には、現状の

構成をもとにアーキテクチャを最適化する方法と、現状の構成を捨ててクラウド上のサービスをもとに再構成する「クラウドネイティブ」と呼べるものがあります。どちらもアプリケーションレベルで大きく修正する可能性が高くなります。移行方法も、リフト＆シフトの次のステップアップとする場合と、クラウド化の際に最適化するケースもあります。構築・改修に関わる費用と、クラウド利用・運用に関する費用を天秤にかけて検討することが重要です。

アーキテクチャ最適化

アーキテクチャ最適化の例としては、負荷に応じたサーバのスケールアウト／スケールインなど、クラウドのメリットを享受しやすい構成が挙げられます。そういった構成の共通的な特徴としては、個々のサーバがステートレスで、サーバ間の連携が疎結合という点にあります。

まずステートレスについてです。これは言葉どおり「状態を持たない」という意味です。たとえばWebサーバを構成する場合のステート（状態）の例として、ユーザのセッション情報などがあります。あるユーザがログインしているという状態をWebサーバに保存している（ステートフル）な場合は、そのユーザのリクエストをそのサーバ上で処理する必要があり、負荷分散装置は必ず同じサーバに振り分ける必要があります。負荷分散装置は、スティッキーセッションなどのしくみでユーザとサーバを紐付けし続けないといけません。つまり、サーバを増やす場合は問題ありませんが、減らす場合に問題が起こります。解決策は、Webサーバのセッションを外部のセッションDBに保存し、Webサーバをステートレスにします。セッションDBがステートを持つようになりますが、DBという性格上もともとステートレスにすることはできません。ステートを持つものは、構成上の単一障害点（SPOF）にならないように冗長化などを検討します。

上記のような対策がアーキテクチャ最適化の例ですが、実はオンプレミス上でも可用性が高く有

特集1
クラウドの現在、そして未来はどうなる？
ゼロから学ぶクラウドの世界

用な構成です。つまり、可用性・拡張性が高い構成というのは、オンプレミスでもクラウドでも基本的には違いはないということです。現実的には、オンプレミスの場合はサーバの導入・運用費用が高いため1台でできるだけ多くの役割を持たせようとすることが多く、一方、クラウド化する場合は役割ごとにサーバを分割してシステム間を疎結合することにより、可用性・拡張性を高めやすくなります。

クラウドネイティブ化

　前述のアーキテクチャ最適化に対して、クラウドネイティブ化はもう一歩クラウド側に踏み込んだ構成となります。どのような構成がクラウドネイティブかという定義はありませんが、一般的にはIaaSの上で自前でミドルウェアをインストールしてシステムを構築するのではなく、クラウドが提供しているSaaSのサービスを組み合わせて構築・保守する部分を最小化する構成を指します。たとえば、プログラムの実行自体に仮想サーバではなくFaaSを利用し、データベースとしてNoSQLサービスを利用するようなサーバレスアーキテクチャなどが代表的な例となります。

　クラウドネイティブ化をすると、基本的にはサーバ運用などは不要になります。実行するプログラム以外のアプリケーション層までのメンテナンスもクラウド事業者側が行います。また、SaaSのサービスの多くはイベントベース／利用ベースの課金体系のため、仮想サーバのような時間ベースの課金ではありません。このため、うまく使いこなすと運用負荷・コストを大幅に下げられる可能性が高いです。一方で、サーバ運用が不要だとしても、システム運用自体がなくなるわけではありません。クラウドネイティブ化したシステムの運用監視については、サーバ運用ほど確立した手法はなく試行錯誤の段階です。導入を検討する場合は、その点も含めて考える必要があります。

　クラウドネイティブの検討の際に避けて通れないのが、ベンダロックインです。クラウドネイティブ化は、AWSやGCP、Azureのサービスを利用し、それに最適化してシステムを構築する必要があります。当然、仮想化サーバを利用するのに比べて、クラウドへの依存度は高まります。これがロックインではないかと懸念されることが多いのですが、筆者の私見ではそれほど心配する必要はないと考えています。3社が競合している状態では、1社が先に新しいサービスを出したとしても、すぐに他社も追随して同じようなサービスを出してきます。半年、1年の単位で見ると、各ベンダが提供しているサービスにほとんど差はないという状態になります。もし移行する必要があるとしても、「できない」ということはまずないでしょう。

　それよりも心配すべきなのは、属人性の問題でしょう。クラウドネイティブで構築した場合は、最小限の労力でシステムが構築できます。そのため、担当者1人で作ってしまうということも多々あります。その担当者がいる間はよいのですが、いなくなったときに困るという話もチラホラ聞くようになっています。したがって、個人に頼り過ぎるのではなくチームとしてシステムを構築・運用するという意識が大切です。

クラウドの潮流

　クラウドの基本的な知識が得られたところで、最近のクラウドの潮流を見ていきましょう。これには、コンテナ化とサーバレスアーキテクチャの2つがあります。コンテナ化は、仮想サーバを直接使うのではなく、コンテナを使って常駐プロセス単位で利用する方法です。代表的なコンテナサービスとしては、Dockerがあります。サーバレスアーキテクチャも同じように、仮想サーバを直接使いません。イベント駆動で必要なときに必要なプログラム（プロセス）を起動し、終了後に解放するしくみです。1つ当たりの処理は、ミリ秒〜数秒が前提であることが普通です。クラウドの流れを知ることにより、今後のシステムの構築のしかた、あるいは自分のスキルをどの方面に伸ばしていくかのヒントになります。それでは、それぞれ見ていきましょう。

13

特集1
クラウドの現在、そして未来はどうなる?
ゼロから学ぶクラウドの世界

● コンテナ化

　直近のクラウドの動向として、水面下で、しかし着実に広がっているのがコンテナ化です。コンテナ、コンテナ型仮想化は、OS上に仮想的なユーザ空間を作り、その上でアプリケーションを実行します（図4）。複数のコンテナが1つのOSやカーネルを共有するため、リソースの利用効率が高くなります。コンテナの実装の1つであり、現在主流のものがDockerです。

　個々のコンテナは、OSから見ると単なる1つのプロセスとして動きます。

コンテナ化のメリット

　コンテナは、アプリケーションとミドルウェアなどのライブラリを一体化して配布することが可能です。そのため、アプリケーション配布時にミドルウェアのバージョンの不一致を気にする必要がありません。また、アプリケーションとデータを正しく分離しておけば、ライブラリやミドルウェアに脆弱性が発見された場合でも、コンテナを差し替えて起動しなおすだけで対処が可能となります。一方で、仮想化サーバの場合、ホストOSの上に仮想化サーバごとにゲストOSを立ち上げる必要があります。また、その上のライブラリやミドルウェアも個々にインストールする必要があります。そのため、利用しているライブラリやミドルウェアに脆弱性が発見された場合、対象の仮想化サーバすべてに個々に対応する必要があります。

　また、起動時間という点でもコンテナが優位です。一般に仮想サーバの起動には数分程度の時間が必要です。これに対して、コンテナは数秒あるいは数ミリ秒で利用できます。この特性を活かして、イベントに応じてコンテナを立ち上げるというような使い方もできます。サーバレスアーキテクチャの中核であるFaaS、イベントドリブンなコンピュートエンジンも、そのコンテナにより運用されています。

Docker から Kubernetes へ

　コンテナの実装として現在主流となっているのはDockerです。Docker単体では自分自身がインストールされているホスト上のコンテナしか管理できません。実際のDockerの運用では、単一ホストではなく複数ホストで運用され、その上に配置されたコンテナの管理が必要になります。このためのツールを「オーケストレーションツール」と呼びます。オーケストレーションは、複数サーバのDockerを管理します。そのオーケストレーションツールの1つとして、Docker社が開発した「Swarm」があり、デフォルトでビルトインされています。これ以外には、Googleが中心となって開発されたオープンソースのプロジェクト「Kubernetes」があり、広く利用されてきました（図5）。

　2017年に起きた大きな動きは、Kubernetesの

◆ 図4　仮想サーバとコンテナ型仮想化

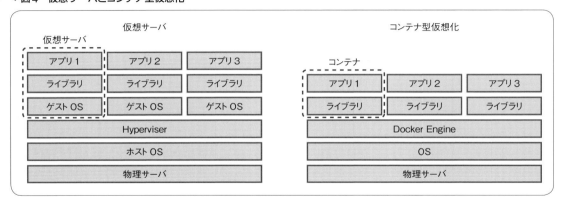

Dockerへの統合です。KubernetesがSwarmと同等のレベルでDockerと統合し、オーケストレーションツールとしてビルトインされることになりました。これにより、デファクトスタンダードとして利用されてきたKubernetesが実際の公式ツールとなりました。今後はDockerの仕様面において、Kubernetesの影響が増すことが予想されます。

サーバレスアーキテクチャ

サーバレスアーキテクチャとは、AWSのLambda、GoogleのCloud Functions、Azure Functionsのような FaaSを中心に、仮想サーバを利用せずにアプリケーションを構築する設計を指します。サーバレスといっても、FaaSがサーバを使っていないという意味ではありません。ユーザがメンテナンスすべき特定のサーバや常駐型プロセスが存在せず、イベント駆動で必要なときにプログラムが実行されるスタイルを「サーバレスアーキテクチャ」と呼びます。ここで重要なのが、常駐型プロセスが存在せず、イベント駆動で必要なときのみプロセスが呼び出され、常駐プロセスがクラウド側のサーバを専有することがないことです。そのため、ク

◆図5　Dockerとオーケストレーションツール（Kubernetes）

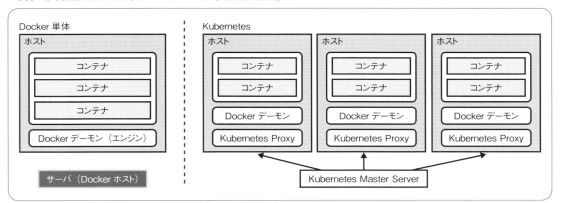

◆図6　AWSを利用したサーバレスアーキテクチャの構成例

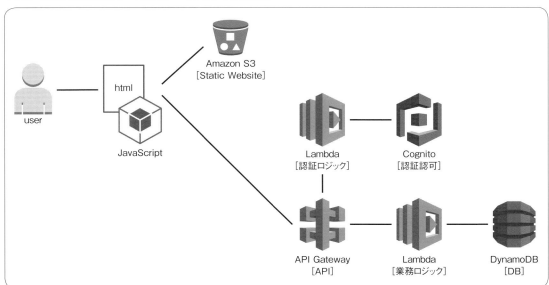

特集1

クラウドの現在、そして未来はどうなる？
ゼロから学ぶクラウドの世界

ラウド事業者としては、自身のリソースを効率的に提供できます。利用者は、ミリ秒単位など非常に小さな課金単位で利用できます。

サーバレスアーキテクチャのメリット

サーバレスアーキテクチャのメリットは、AWS、GCP、Azureのいずれにせよ、それぞれのFaaSの作法に則ってアプリケーションを構築すれば、スケーラビリティや可用性はクラウド事業者側の責任となることです。つまり、利用者側がインフラレイヤに関わる構築負荷をほぼゼロにすることができます。**図6**は、AWSを使ってサーバレスアーキテクチャで構成した例です。

この構成例では、オンラインストレージであるS3の静的Webサイト機能を利用し、HTML／JavaScript／CSSなどのコンテンツを配信しています。そして、そのJavaScriptからAPI Gatewayが提供するAPIを呼び出すことにより、ロジックを呼び出します。API Gatewayにはカスタム認証機能を追加でき、Lambdaを利用して独自の認証ロジックを作成しています。そして、認証認可のもととなるデータはCognito UserPoolを利用します。また、認証後に業務ロジックを実行し、DynamoDBというNoSQLサーバのデータを活用した処理を実行します。

このようにクラウドのサービスを組み合わせることにより、さまざまなパターンのシステムを構築できます。また、個々のサービスでセキュリティや可用性・スケーラビリティは担保され、一般的なユースケースであればサービスの機能として実装されています。そのため、システム開発の大部分はサービスどうしの組み合わせが中心となります。スクラッチでシステムを構築するのに比べ、非常に高速に開発することが可能になります。

また、サーバレスアーキテクチャの各種サービスには、クラウド事業者が培ってきたベストプラクティスが組み込まれています。それぞれのサービスには制約があるものの、その制約にも意味があるものとなっています。

クラウドの未来

コンテナ化とサーバレス化が進むと、クラウドはどのようになっていくのでしょうか。コンテナ化とサーバレス化は、どちらもシステム／アプリケーションの可搬性を高めます。コンテナの場合は、各クラウド事業者が提供する仮想サーバを直接使うのではなく、コンテナエンジンを挟むためです。また、サーバレスの実体は、Node.jsやPythonなどのプログラムそのものです。当然、ほかのプラットフォームでも基本的には動きます。その結果、AWSで動かしていたシステムをGoogle Cloudで動かすといったことも、より容易にできるようになります。

このことが何をもたらすでしょうか。筆者は、マルチクラウド化が促進されるのではないかと考えています。

● マルチクラウド

それでは、まずマルチクラウドの定義を確認してみましょう。実のところ現時点では明確な定義はなく、IaaSレベルで複数のクラウドを利用するのがマルチクラウドとする人もいますし、SaaSを組み合わせるだけでもマルチクラウドだという人もいます。ここでの定義は後者に近く、1社で複数の種類のパブリッククラウドを利用して処理する形態をマルチクラウドとします（**図7**）。つまり、IaaSやPaaS、SaaSに関係なく複数のクラウドを利用していたらマルチクラウドです。蛇足ですが、ハイブリッドクラウドの説明をしておきます。ハイブリッドクラウドは、オンプレミスとクラウドを併用することを指します。発展形態としては、ハイブリッドクラウドからマルチクラウドという流れになるでしょう。

では、なぜマルチクラウドの必要性があるのでしょうか。一番単純な理由としては、各クラウド事業者が提供しているサービスのラインナップが微妙に異なるからです。たとえば、AWSはDockerコンテナのサービス（ECS）を提供しているものの、

◆図7 マルチクラウド

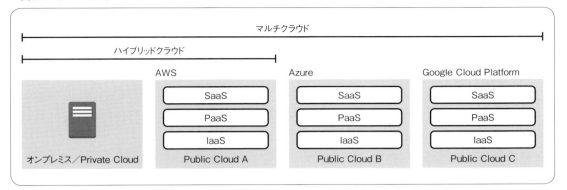

Kubernetesのマネージドサービスは出していませんでした[注2]。一方で、GCPは「Kubernetes Engine」というサービスでマネージドサービスを従来から提供しています。あるいは、機能面では同様のサービスがあるものの、性能・価格面では差があるというケースもあります。結果として、用途に応じてクラウドを使い分けるようになっていきます。そのほかにも、ベンダロックインを避けるために複数クラウドを使うという場合もあります。

マルチクラウドのメリットとデメリット

マルチクラウド化とは、複数の事業者が提供するサービスの中から自分のシステムに最適なサービスを選ぶことです。それが実現できるのであれば、性能面・拡張性・コスト面にさまざまな恩恵があるでしょう。たとえば、Dockerにはイメージを登録するレジストリが必要です。Azureのレジストリである「Container Registry」が登場したのは、2017年と少し遅めです。それまでの間、AzureユーザでもレジストリだけはAWSのレジストリサービスである「Amazon ECR（Amazon EC2 Container Registry）」を使っているというケースをよく聞きました。同様に、基本はAWSを使っていないがドメインの管理だけはRoute 53を使っている場合や、AWSの仮想サーバであるEC2やロードバランサELBは大量に使っているが、特大のトラフィックがあるシステムは「Google Cloud Load Balancing」を使っているというケースもあります。これらのケースは、実はマルチクラウド化しなくても解決方法はあります。一方で、マルチクラウド化することにより、構築・運用の手間が格段に減らせることもあります。これがマルチクラウド化のメリットです。

それでは、マルチクラウド化のデメリットは何でしょうか。複数のクラウドを適材適所で使いこなせる組織や人材がほとんどいないということです。現在、それぞれのクラウドは日進月歩で急速に進歩しています。単一のクラウドでさえ、個人あるいは組織にとっても手に余る状況なのに、マルチクラウドとなるとなおさらです。また、適材適所で構築したとしても、データ通信の問題もあります。それぞれのクラウドが大きな帯域の通信網を用意していたとしても、大量のデータをやりとりするには時間もコストもかかります。

マルチクラウドとエンジニア

それではマルチクラウド化に対してエンジニアはどのように向き合えばよいのでしょうか。結論としては、無理をして複数のクラウドに習熟する必要はありません。たとえ企業全体として複数のクラウドを使い分けることにメリットがあったとしても、個人の成長戦略としては複数のクラウドを学ぶことのメリットは多くはありません。その

注2) 2017年11月に発表されました。

特集1
クラウドの現在、そして未来はどうなる?
ゼロから学ぶクラウドの世界

理由としては、それぞれのクラウドの開発スピードが早過ぎて、1つのクラウドのみキャッチアップするにしても多くの時間を費やす必要があるためです。クラウドに習熟するには、単純にカタログスペックを理解してシステムを構築できるだけでは十分ではありません。障害の発生傾向や頻度、それに対する対処方法など、実際に運用までして初めてわかることも多いのです。そのため、1人のエンジニアあるいは組織が習熟するには長い時間がかかります。それを複数のクラウドで続けられるのかという問題が出てきます。

一方で複数のクラウドをキャッチアップするとよいケースもあります。それは、特定のレイヤのエキスパートの場合です。たとえば、コンテナ構築・運用を専門としている場合は、AWS、Azure、GCPの複数のコンテナサービスを利用したうえで最適なアーキテクチャを検討する必要があるでしょう。あるいは機械学習であったり、AIサービスを利用してアプリケーションを作るエンジニアも同様でしょう。つまり、全体的なアーキテクチャを検討・構築する人は得意なクラウドを中心にスキルを伸ばし、特定分野のエキスパートは主要クラウドの特定分野のサービスを押さえているという棲み分けになるでしょう。

まとめ

ここでは、主要なクラウドのプレーヤから、クラウドが対象とするレイヤの特徴を確認しました。そして、一般的なクラウドの利点と、コンテナ化とサーバレスという最近のクラウドの2つの潮流を紹介しています。そこから導き出されるマルチクラウド化の必然などを予想しました。いずれにせよ、クラウドを扱うのは人です。本書では、AWS、Azure、GCPと3つの主要クラウドを、それぞれのエキスパートが紹介しています。自分が得意とするクラウドを作ることや、ほかのクラウドの動向を知るために活用してください。

WEB+DB PRESS plus シリーズ

クラウド開発徹底攻略

WEB+DBPRESS plus徹底攻略シリーズでは、Webアプリケーション開発のためのプログラミング技術情報誌『WEB+DB PRESS』の掲載記事をテーマ別に厳選し、再編集してお届けします。『クラウド徹底攻略』では、いまやWebサービスのインフラ構築には必須となったAmazon Web ServicesやGoogle Cloud PlatformなどのIaaS、HerokuをはじめとしたSaaSや、クラウドサービスとともに使われることの多いDockerの知識など、エンジニアにとって必須のノウハウを1冊にギュッとまとめました。

WEB+DB PRESS編集部 編
B5判／156ページ
定価(本体1,980円+税)
ISBN978-4-7741-8095-3

技術評論社

特集 2

三大プラットフォームを使って学ぶ！
有名クラウドサービス大研究

　特集2では、クラウドにおける代表的なプラットフォームであるAmazon Web Services、Google Cloud Platform、Microsoft Azureの3つを採り上げて解説します。各プラットフォームの強みや機能の紹介はもちろん、それぞれに特徴的なサービスを実際に試すハンズオンも掲載。本特集を片手に、しっかり試して比べてみましょう。

第1章　Fargateによるフルマネージドなコンテナ管理
Amazon Web Services
西谷 圭介、福井 厚

第2章　BigQueryによるスケーラブルなビッグデータ基盤
Google Cloud Platform
寶野 雄太、金子 亨

第3章　Web AppとコンテナによるWebサーバ環境の構築
Microsoft Azure
廣瀬 一海

第1章
Amazon Web Services
Fargateによるフルマネージドなコンテナ管理

西谷 圭介、福井 厚
Keisuke Nishitani, Atsushi Fukui

2006年3月14日、Amazon Web Services（AWS）が最初のクラウドサービスである「Amazon Simple Storage Service（Amazon S3）」の提供を開始してから現在まで、AWSはグローバルにサービスを展開し、ユーザーの声やフィードバックをもとに新しいサービスや機能追加、改良を常に行っています。本稿では、AWSの概要や特徴について紹介します。

AWSの特徴と強み

最初のリリースから11年以上経過した2018年1月1日時点でAWSが提供するサービス数は90を超え、全世界で数百万のユーザーが利用するサービスとして成長を続けています。

イノベーションのスピード

AWSの大きな特徴の1つは、イノベーションの早さです。AWSの機能追加・拡張のスピードはとても早く、クラウド上でのワークロードをサポートするためにサービスを拡張し続けています。コンピュート、ストレージ、ネットワーク、データベースといった基本的なものだけではなく、アナリティクスやデベロッパツールなどのさまざまな領域で、現在は100を超えるサービスを提供しています。

これは、ECサイトのAmazonと同様に、「商品（サービス）の品ぞろえを増やすことで、ユーザーが必要としているものを手に入れられるようにする」という考えによるものです。こうしてユーザーの要望に耳を傾け、サービスを拡充しています。

AWSは、2011年には80のサービス・機能をリリースしました。翌2012年には160近くに、2013年には280、2014年には516とそのペースはどんどん早まっていき、2016年には1017もの新サービス、新機能をリリースしています。そして、2017年は1,430もの新サービス、新機能がローンチされました。さらに、同年11月末に開催されたグローバルの年次カンファレンスである「re:Invent」でも、多数のサービスやアップデートが発表されました。

この数字をわかりやすくしてみましょう。2017年の1,470という数字を日単位に置き換えてみると、平均して1日当たり3以上のサービスや機能がリリースされていることになります。しかも、これは土日祝日を含めた計算なので、営業日ベースではもっと多い数になります。この驚異的なペースで進化を続けているのがAWSです。

グローバルインフラストラクチャ

AWSは世界規模でインフラストラクチャを展開しており、世界各地のロケーションでサービスを提供しています。本稿執筆時点では18のリージョン、52のアベイラビリティーゾーン（AZ）、102のエッジロケーションと11のリージョン別エッジキャッシュがあり、さらに4つのリージョンと12個のアベイラビリティーゾーンが追加される予定です。

リージョンとは、世界中における物理的な場所のことであり、地理的に離れた領域となっています（図1）。各リージョンは完全に独立しており、完全に分離されるように設計されています。リージョン内には、「アベイラビリティーゾーン」と呼ばれるものがいくつか配置されています。AZは1つ以上の独立したデータセンターで構成されており、各データセンターは、冗長性のある電源、ネットワーキング、および接続を備え、別々の設備に収容されています。このAZにより、単一のデータセンターでは実現できない高い可用性、耐

◆図1　AWSのリージョン

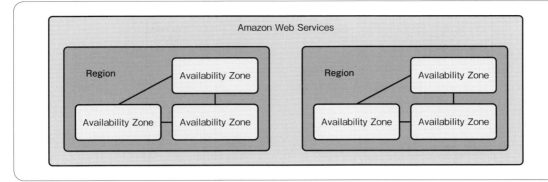

障害性、および拡張性を達成することができます。また、同じリージョン内のAZ間は低レイテンシーなネットワークで接続されています。

そのほかに、「エッジロケーション」というものもあります。これはCDN（コンテンツ配信ネットワーク）サービスである「Amazon CloudFront」やDNSサービスの「Amazon Route 53」といったサービスで利用する、世界中に配置された接続拠点です。日本にも6つのエッジロケーションが配置されています。

利用可能なリージョンやエッジロケーションの最新情報については、AWSのWebサイトにある「グローバルインフラストラクチャ」のページ注1を確認してください。

セキュリティ

AWSにおいてセキュリティは最優先事項です。AWSのユーザーは、セキュリティを最も重視する組織の要件を満たすよう構築されたデータセンターとネットワークアーキテクチャを利用することができます。

AWSのセキュリティとコンプライアンスに関する重要な考え方として「責任共有モデル」というものがあります。AWSが、ホストOSや仮想化レイヤから、サービスが運用されている施設の物理セキュリティまで、さまざまなコンポーネントを運用、管理、統制する一方で、ユーザーがゲストOS

（更新やセキュリティパッチなど）、その他の関連アプリケーションソフトウェア、ならびにAWSによって提供されるセキュリティグループやファイアウォールの設定などに対する責任を持ち、これらの管理を行う必要があります。

AWSがクラウドのセキュリティを管理するため、ユーザーは運用上の負担を軽減できます。ユーザーの責任範囲は、使用するサービス、IT環境へのサービス統合や適用可能な法律および規制に応じて異なります。クラウド内のセキュリティはユーザーの責任となり、所有するコンテンツ、プラットフォーム、アプリケーション、システムおよびネットワークを保護するために実装するセキュリティについての管理権限は、オンプレミスのデータセンター内のサーバと同様にユーザーが保持しています。

また、ユーザーのシステムはAWSのクラウドインフラストラクチャの最上部に構築されます。したがって、ユーザーとAWSの間でコンプライアンス上の責任が分担されます。

AWSは、セキュリティに関する政府、業界、および企業の標準や規制を満たすことができる認証を取得、運用しています。たとえば、ISO 27001、SOC、PCI DSSなどを含む、世界中のさまざまなセキュリティ標準の要件を満たしています。国内医薬品・医療機器のコンプライアンス、国内金融機関向けセキュリティ、日本政府機関向けセキュリ

注1）https://aws.amazon.com/jp/about-aws/global-infrastructure/

特集2
有名クラウドサービス大研究

ティなどにも対応しています。また、日本準拠法も選択することが可能です。

なお、これらの対応状況はサービスによって異なるため、必ず最新の情報を公式サイト[注2]で確認してください。

このほかに、AWSではセキュリティに関するリソースを数多く公開しています。詳細は「クラウドセキュリティのリソース」というページ[注3]で公開されている各種開発者向けドキュメントやホワイトペーパーを参照してください。

● 低額なコストモデル

AWSでは、規模の拡大とイノベーションがコストダウンの促進につながると考えています。技術投資をすることで効率が改善し、それが値下げをもたらし、さらに多くのユーザー獲得につながるというビジネスモデルです。結果的に、それらを原資としてより一層の投資を行うことができ、さらなる値下げにつながるという、よいサイクルが実現できると考えています。実際に、AWSでは2006年のサービス開始以降、62回もの値下げを実施しています（2017年11月時点）。

たとえば、Amazon EC2では通常の「オンデマンドインスタンス」と呼ばれる秒課金のモデルから、「リザーブドインスタンス」と呼ばれる年間予約への変更によって、最大75％もの割引を得られます。さらに、「スポットインスタンス」というモデルでは、需要と供給によって価格が変動し、ユーザーの入札価格が上回っている分だけ起動できます。また、AWS Lambdaでは、起動時間ではなく実際に処理の実行にかかった時間に対して100ミリ秒単位で課金されます。

このように、AWSではユーザーのワークロードや状況に合わせた複数の料金モデルを用意し、価格そのものを継続的に引き下げています。

さらに、AWSが提供するサービスの多くでは無料で利用可能な範囲が用意されています。Amazon EC2であれば、サインアップ後12ヵ月間は一月当たり750時間までは無料で利用可能です。AWS Lambdaでは、100万件／月のリクエストと最大320万秒／月のコンピューティング時間が無料で提供されています。このように無料範囲が用意されているサービスが多くあり、気軽に試すことができます。

AWSが提供するサービス

AWSが提供するサービスは年々広がっており、現在ではコンピューティング、ストレージ、データベース、分析、ネットワーキング、モバイル、開発者用ツール、管理ツール、IoT、セキュリティ、エンタープライズアプリケーションなどでグローバルなクラウドベースのサービスを利用できます。ここでは、その中からいくつかのカテゴリの代表的なサービスや注目のサービスを筆者の観点で紹介します。

● コンピューティング

Amazon EC2

Amazon Elastic Compute Cloud（Amazon EC2）は、サイズ変更可能な仮想マシンをクラウド上で提供するサービスです。わずか数分間で新規サーバインスタンスを起動できるため、ワークロードの状況変化に応じて、素早くスケールアップ／スケールダウンすることも、スケールアウト／スケールインすることも可能です。

インスタンスタイプ、OS、ソフトウェアパッケージの種類を選ぶことができ、アプリケーションに合った最適なメモリ、CPUなどの構成を選択できます。OSに関しては商用・非商用問わず多数のLinuxやMicrosoft Windows Serverなど多様なOSを選択することが可能です。また、使用しているインスタンスに対しては、ルートアクセス権を含む全面的な制御が可能で、通常のマシンと同じように操作できます。

注2）https://aws.amazon.com/jp/compliance/
注3）https://aws.amazon.com/jp/security/security-resources/

Amazon ECS、Amazon EKS、AWS Fargate

いずれもAWS上でコンテナのワークロードを実行するためのサービスです。

Amazon Elastic Container Service（Amazon ECS）ならびにAWS Fargateについては本章の後半で詳細を説明します。

Amazon Elastic Container Service for Kubernetes（Amazon EKS）は、Kubernetesのコントロールプレーンをマネージドで提供するサービスです。執筆時点ではプレビューの段階ですが、Kubernetesコミュニティのプラグインを利用可能なだけでなく、VPCや「Elastic Load Balancing（ELB）」、「AWS Identity and Access Management（IAM）」による認証やCloudTrailによるログ取得などのようなAWSのさまざまなサービスと連携することも可能です。

Amazon EKSも2018年にはAWS Fargateのサポートが予定されています。これにより、ユーザー自身によるKubernetesクラスターの構築や運用が不要になります。

AWS Lambda

AWS Lambdaは、イベントドリブンなサーバレスコンピューティング環境です。Amazon S3、Amazon Kinesisといった各種サービスのイベントをトリガーにして、コードを実行するアプリケーションを容易に実現できます。また、サーバのプロビジョニングや管理をすることなく、コードを実行できます。

課金は、実際に使用したコンピューティング時間と呼び出しリクエストの回数に対して発生します。このため、コードの呼び出しと実行が行われない限り、料金は発生しません。コンピューティング時間については、100ミリ秒単位と非常に粒度が細かいことも特徴です。

また、可用性やスケーラビリティはサービス側で管理されており、ユーザーはコードをアップロードするだけでよく、高可用性を実現しながらコードを実行およびスケールするために必要なことはすべてAWS Lambdaによって処理されます。

ストレージ

Amazon S3

Amazon Simple Storage Service（Amazon S3）は、高い堅牢性を誇るオブジェクトストレージです。99.999999999%という高い耐久性を実現するようにデザインされており、データは少なくとも3つの物理施設に自動的に分散されます。これらの施設は1つのAWSリージョン内に設置されているものの、地理的に離れた場所にあります。

また、格納容量に制限はなく、実際に利用した分に対して課金される従量課金となっており、ストレージの運用管理という非常に重い作業を行う必要はありません。さらに、データの保存だけではなく、静的ファイルであればWebサーバを用意することなくAmazon S3単体でWebコンテンツとして配信できるような機能も備えています。

データベース

Amazon RDS

Amazon Relational Database Service（Amazon RDS）は、リレーショナルデータベース（RDB）の運用管理に必要な工数を削減するサービスです。

世の中で主流となっている、Microsoft SQL Server、Oracle Database、MySQL、PostgreSQL、MariaDBなど、商用からオープンソースまでさまざまなデータベースエンジンに対応しています。このほか、AWSが独自に開発したAmazon Auroraを利用することも可能です。

Amazon RDSでは先述の主要なデータベースエンジンを利用できるだけでなく、これらのデータベースサーバを数クリックで構築することが可能で、バックアップやパッチの適用、フェールオーバーが自動で行われます。

Amazon Auroraはクラウド向けに構築されたRDBで、MySQLやPostgreSQLと互換性があります。高性能な商用データベースのパフォーマンスや可用性と、オープンソースデータベースのシンプルさや費用対効果を兼ね備えていると言えます。

また、ストレージシステムは、分散型で耐障害

特集2

有名クラウドサービス大研究

性と自己修復機能を備えており、データベースインスタンスごとに最大64Tバイトまで自動的にスケールされます。最大15個の低レイテンシーなリードレプリカ、ポイントインタイムリカバリ、Amazon S3への継続的なバックアップ、3つのAZ間でのレプリケーションにより、優れたパフォーマンスと可用性を発揮します。

Amazon DynamoDB

Amazon DynamoDBは、高い信頼性、スケーラビリティ、低レイテンシーで安定した性能を兼ね備えたNoSQLデータベースです。複数のデータセンターにデータをレプリケーションすることで高い可用性と耐久性を実現しています。

ユーザーは必要なスループットを決めるだけでよく、必要なストレージのキャパシティ見積りを事前に行う必要がありません。ストレージ容量は、必要に応じて自動でプロビジョニングされます。テーブルへの更新情報をストリームとしてAPIで取得する機能も備わっており、AWS Lambdaと連携した処理も行うことができます。

また、読み込み負荷が高いワークロード向けのインメモリキャッシュクラスターである「Amazon DynamoDB Accelerator（DAX）」というフルマネージドキャッシュサービスも提供されています。

● ネットワークとコンテンツ配信

Amazon CloudFront

Amazon CloudFrontは、低レイテンシーの高速転送によりデータ、ビデオ、アプリケーション、APIをビューアに安全に配信するグローバルなCDNサービスです。世界各地に配置されているエッジロケーションならびにリージョナルエッジキャッシュを通じて配信されます。

また、DDoS攻撃を緩和する「AWS Shield」やビューアの近くでカスタムコードを実行する「Lambda@Edge」といったサービスともシームレスに連携しています。

Amazon Route 53

Amazon Route 53は、高い可用性と豊富な機能を提供するDNSサービスです。ネームサーバは世界中に分散配置されており、高い可用性を実現しています。さらに、数種類から選択可能なアルゴリズムをもとにしたラウンドロビンやヘルスチェックといった豊富な機能を提供しています。もちろんフルマネージドであり、ユーザーはサーバの運用管理を行う必要はありません。

Amazon API Gateway

Amazon API Gatewayは、RESTful APIの公開と保護、運用を簡単にするサービスです。APIを公開するにあたって必要となるHTTPSエンドポイントの提供に加えて、バックエンドの保護のためのスロットリング、キャッシュといった機能がサーバレスで提供されます。したがって、ユーザーはAPI公開のためのWebサーバやロードバランサーなどを自身で用意したり、運用・管理したりする必要がありません。

また、APIのロジックを処理するバックエンドとしてAWS Lambdaを始め、通常のWebシステムや外部のWeb APIを利用することができます。とくに、AWS LambdaやAmazon DynamoDBと組み合わせることでフルサーバレスなAPIバックエンドを実現できます。

● 分析

Amazon Redshift

Amazon Redshiftは、フルマネージドなデータウェアハウスのサービスです。標準SQLおよび既存のビジネスインテリジェンス（BI）ツールを使用して、シンプルかつコスト効率よく分析できます。

クエリ最適化、列指向ストレージ、高パフォーマンスのローカルディスク、超並列クエリ実行を使用して、Pバイト単位の構造化データに対して複雑な分析クエリを実行できるため、ほとんどの結果は数秒で返されます。また、昨今ではクエリ結果のキャッシュや遅延マテリアライゼーションの導入などにより高性能化が図られています。

第 1 章
Fargateによるフルマネージドなコンテナ管理
Amazon Web Services

Amazon Athena

Amazon Athenaは、Amazon S3内に保存されたデータに対して標準的なSQLを使用して簡単に分析できる、インタラクティブなクエリサービスです。フルマネージドなサービスであるためインフラストラクチャの管理は不要で、実行したクエリに対して料金が発生します。

ANSI SQLに準拠した「Presto」が使われており、CSV、JSON、ORC、Avro、Parquetなどのさまざまな標準データフォーマットに対応しています。また、クエリは自動的に並列的に実行されるため、ほとんどの結果が数秒で返されます。また、最近では地理空間データのクエリのサポートも追加されています。

● 開発者用ツール

AWS Cloud9

AWS Cloud9は、クラウドベースの統合開発環境です。AWSクラウド上で開発、テスト、デバッグを完結できる統合開発環境となっており、環境構築のために時間を要することなく即座に開発を開始できます。また、AWS Lambdaと統合されており、Lambdaファンクションの開発からテストまでをシームレスに実行できます。

さらに、自分の開発環境にアクセスできるユーザーを設定し、共同作業を行うことが可能です。

C++、C#、Javaを始め、Node.js、PHP、Python、Ruby、Goなど、さまざまな言語に対応しています。

AWS Code Services

Code Services(AWS CodeStar、AWS CodeCommit、AWS CodePipeline、AWS CodeDeploy、AWS CodeBuild)は、アプリケーション開発に必要となるコードリポジトリの提供から、継続的インテグレーションや継続的デリバリを実現するためのサービス群です。

ソフトウェアリリースのワークフローを定義して、それに基づいてコードをビルド、テスト、デプロイする「AWS CodePipeline」、フルマネージドでコードをコンパイル・テストするビルドサービスである「AWS CodeBuild」、Amazon EC2インスタンスやオンプレミスのサーバを含む、さまざまなインスタンスへのコードのデプロイを自動化できる「AWS CodeDeploy」などがあります。これらのサービスは、必ずしもすべてを利用する必要はなく、必要なもののみを選択することも可能です。

また、AWS CodeStarでは、これらを利用したツールチェーン全体を数分で簡単に設定できるため、アプリケーションを素早く開発・構築してAWSにデプロイすることが容易になります。

● IoT

AWS IoT

AWS IoTは、接続されたデバイスとクラウドアプリケーションあるいはその他のデバイスとのやりとりを簡単かつ安全に行うマネージド型サービスです。数十億のデバイスと数兆のメッセージをサポートし、それらのメッセージをAWSのエンドポイントおよびほかのデバイスに確実かつ安全に処理しルーティングします。

● セキュリティ

AWS Shield

AWS Shieldは、DDoS攻撃に対するマネージド型の保護サービスです。「Standard」と「Advanced」の2種類があり、すべてのユーザーは追加料金なしでStandardに含まれる保護の適用を自動的に受けることができます。AWS Shield Standardでは、最も一般的で頻繁に発生するネットワークおよびトランスポートレイヤのDDoS攻撃を防御します。

さらに高度なレベルの保護が必要な場合は、AWS Shield Advancedを利用できます。これは、Standardに含まれる保護に加えて、大規模で洗練されたDDoS攻撃に対する検出や緩和策を施し、攻撃に対してほぼリアルタイムでの可視性を提供します。

さらに、AWS Shield AdvancedではAWS DDoSレスポンスチームを利用でき、Amazon EC2、Amazon ELB、Amazon CloudFront、Amazon Route 53のDDoSに関連した料金の急増に対する保護も提供されます。これはDDos攻撃がきっか

けで増加したネットワーク転送量や、EC2インスタンスのスケールアウトなどによる急激かつ一時的なコスト増から保護されるということです。

AWS WAF

AWS WAFは、AWSが提供するWebアプリケーションファイアウォールのサービスです。アプリケーションの可用性、セキュリティの侵害、リソースの過剰な消費などに影響を与えかねない一般的な弱点からWebアプリケーションを保護します。カスタムルールによるアクセス制御の実現や、SQLインジェクション、XSS攻撃といった一般的な攻撃に対処します。また、APIを利用した動的なルール変更も可能です。

● 機械学習

Amazon SageMaker

Amazon SageMakerは、フルマネージドな機械学習サービスです。データサイエンティストや開発者が機械学習モデルを容易に構築、学習、活用できるようになっています。通常のインスタンスに加え、GPUインスタンスでも利用可能であり、モデルの構築・学習・確認機能が提供されます。

あらかじめ組み込まれている、教師あり／なし学習アルゴリズムやフレームワークを利用し学習モデルを構築できます。また、モデルを利用するためのHTTPエンドポイントを提供しているため、リアルタイムなインターフェースの提供も可能です。

ここまでのまとめ

AWSの特徴や代表的なサービスについて、簡単に紹介してきました。最初のサービスが登場して11年経った今なお、AWSの進化はとどまることなく、新しい機能やサービスが登場し続けています。

代表的なサービスや注目のサービスをいくつか紹介しましたが、ほかにも紙面が許せば取り上げたかった重要なサービスが数多くあります。AWSが提供する豊富な選択肢をうまく組み合わせて活用することで自社のビジネスの俊敏性を高めるこ

とができ、変化の早いマーケットに対応していけるでしょう。

次は、ここまでに紹介したサービスの中から「re:Invent 2017」で発表された注目のサービスである「AWS Fargate」について、実際の使い方を簡単に見ていきます。

AWSを使ってみよう Fargateによるコンテナ管理

AWS Fargateは、AWSが提供するフルマネージドなコンテナオーケストレーションサービスです。ここでは、これからAWS Fargateを始める方を対象に、Dockerコンテナの配置、管理を容易にするAWS Fargateの概要と具体的な作成方法について説明します。

AWS Fargate とは

AWS Fargateによって、Amazon ECSはさらに便利に使いやすくなりました。

AWS ECSの特徴

Amazon ECSはAWS上でのコンテナの利用を極力簡単にするためにデザインされています。最も複雑で、かつビジネスでの差別化にならないコンテナを動作させるインスタンスの管理やインスタンスへのコンテナの配置などのオーケストレーションの機能を、すべてサービスとして提供しているので、ユーザーはコンテナイメージを作成しデプロイするだけでよく、ビジネスに集中できます。また、ほかのAWSサービスとの連携も優れており、スケーラビリティが非常に高いのも特徴です。

AWS Fargateのメリット

AWS Fargateは、Amazon ECSを利用するうえで、これまではユーザーが行わなければならなかったクラスターインスタンス（Amazon EC2）の管理を不要としました。AWS Fargateを利用することで、ビジネスにとって価値のある作業に、より集中してリソースを投入することが可能となり

ます。これまでAmazon ECSが提供していたサービス「Elastic Load Balancing（ELB）」「Auto Scaling」「IAM Role」などの機能はそのまま利用可能です。また、RDSなどVPC内のリソースもこれまでどおり利用可能です。

● AWS Lambda、Amazon EC2との使い分け

AWS Fargateは、クラスターインスタンスとしてのEC2インスタンスの管理を不要とするサービスです。一方、AWS LambdaもAWS Fargateと同様に、EC2インスタンスの管理が不要なサービスです。両者は、どのように使い分ければよいのでしょうか。

機能の違い

まず、機能面を比較すると、AWS FargateはAmazon EC2とAWS Lambdaの中間に位置すると言えます。たとえば、AWS Lambdaにはファンクションの実行時間に制限があります。それに対して、AWS FargateはAmazon EC2のように長時間での実行が可能です。また、AWS FargateはAmazon EC2と同様に、ELBとの連携も可能です。

一方で、AWS Lambdaと同じようにクラスターインスタンスのオペレーティングシステム設定やインスタンスタイプを気にする必要はなく、コンテナ（正確にはタスク）に割り当てたCPUとメモリの実行時間を秒単位で課金する、非常にシンプルな課金モデルとなっています。実行可能なアプリケーションは、Amazon EC2のように自由度が高い一方で、DockerfileのCMDやENTRYPOINTによってテンプレート化されたルールに従って、アプリケーションをパターン化できます。

したがって、これまでAWS Lambdaに移行するのが難しかったアプリケーションも、AWS Fargateへの移行が容易となる可能性が高くなります。たとえば、オンプレミスで稼働しているアプリケーションをクラウドへ移行する場合でも、アプリケーションをDockerコンテナで動作させることさえできれば、そのままAWS Fargateへの移行が可能になります。AWS Fargateに移行することで、クラスターインスタンスのOSパッチ適用やメンテナンス、可用性や高負荷に対する設計や運用に悩む必要はなくなります。

向き、不向き

では、どのような場合にAWS Lambdaが向いているのでしょうか。まず、これまでどおりイベントに対する処理を自動化するような用途では、AWS Lambdaのほうが適しています。

たとえば、Amazon S3のバケットに画像がコピーされたタイミングでサムネイル画像を作成したいとか、AWS CloudWatch Eventsで設定したイベントが発生したときに自動的に何らかの処理を行いたいといった場合です。このようなイベント駆動型の処理を行うのに、AWS Lambdaはとても便利です。

処理時間が非常に短く、常時稼働させておく必要がない処理の場合も、AWS Lambdaのように100ミリ秒単位で実行時間に対して課金するモデルのほうがコスト面で有利です。

さらに、ユーザーが実装するコード以外は管理したくない場合にも向いています。AWS Lambdaでは、アプリケーションコードの実行環境も含めてプラットフォーム側で管理されているからです。

また、AWS Step Functionsを利用して、短いファンクションをつなげて処理を実行するようなワークフローを構築する場合にもAWS Lambdaが適しています。

AWS FargateとAmazon ECSの登場人物

本節ではAWS FargateとAmazon ECSの概念と用語について解説します。AWS FargateとAmazon ECSの概念と用語を理解することで、これらを正しく活用することができます。

Amazon ECSは、AWSが提供するインスタンスのクラスターでDockerコンテナを簡単に実行、停止、管理できる非常にスケーラブルで高速なコンテナ管理サービスです。Amazon ECSを使用する

特集2 有名クラウドサービス大研究

と、シンプルなAPIコールでコンテナベースのアプリケーションを起動／停止したり、Amazon ECSサービスからクラスターの状態を取得したりできます。また、リソースのリクエスト、アイソレーションポリシー、可用性要件に基づいて、クラスター間でコンテナの配置をスケジュールできます。

Amazon ECSがあれば、独自のクラスター管理システムや設定管理システムを運用する必要も、管理インフラストラクチャのスケーリングを心配する必要もなくなります。Amazon ECSは、一貫したデプロイメントおよび構築エクスペリエンス、バッチジョブや抽出、変換、ロード（ETL）処理などのワークロードの管理とスケーリング、マイクロサービスモデルでの洗練されたアプリケーションアーキテクチャの構築に使用できます。

● コンテナとイメージ

Amazon ECSにアプリケーションをデプロイするには、アプリケーションコンポーネントがコンテナで実行されるように設計する必要あります。

Dockerコンテナは標準化されたソフトウェア開発用のユニットであり、コード、ランタイム、システムツール、システムライブラリなど、ソフトウェアアプリケーションの実行に必要なものがすべて含まれています。

コンテナは、「イメージ」と呼ばれる読み取り専用テンプレートから作成されます。イメージは通常、Dockerfileから構築されます。Dockerfileは、コンテナに含まれるすべてのコンポーネントを指定するプレーンテキストファイルです。これらのイメージは、その後レジストリに保存され、そこからコンテナインスタンスにダウンロードして実行できます。

● タスク定義

Amazon ECSでアプリケーションを実行するための準備として、タスク定義を作成します。タスク定義とは、アプリケーションを構成する1つ以上のコンテナを記述するJSON形式のテキストファイルです。

タスク定義には、アプリケーションのさまざまなパラメータを指定します。たとえば、使用するコンテナやそれが位置するリポジトリ、アプリケーションのコンテナで開くポート、タスクのコンテナが使用するデータボリュームなどです。リスト1に、Nginx Webサーバを実行する単一コンテナを含むシンプルなタスク定義の例を示します。

Amazon ECSのマネジメントコンソールを利用すると、GUIでタスク定義の設定を行うことができます。GUIを使った設定については後述します。

● タスクとスケジュール

タスクとは、クラスター内のコンテナインスタンスのタスク定義を実体化したものです。Amazon ECSでアプリケーションのタスク定義を作成したあと、クラスターで実行するタスクの数を指定できます。

Amazon ECSタスクスケジューラは、コンテナインスタンスへのタスク配置を担当します。Amazon ECSタスクスケジューラでは、いくつかの異なるスケジュールオプションを使用できます。

◆リスト1　タスク定義ファイル

```
{
        "family": "webserver",
        "containerDefinitions": [
        {
                "name": "web",
                "image": "nginx",
                "cpu": 256,
                "memory": 512,
                "portMappings": [{
                        "containerPort": 80
                }]
        }]
}
```

◆図2　クラスターとスケジューリング

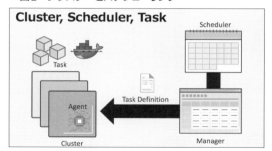

たとえば、指定された数のタスクを同時に実行、保持するサービスを定義できます（図2）。

クラスター

Amazon ECSを使用してタスクを実行する場合、これまではEC2インスタンスの論理グループであるクラスターにタスクを配置する必要がありました。この機能は、今では「Amazon ECS EC2 mode」と呼ばれています。Amazon ECS EC2 modeは、指定されたレジストリからコンテナイメージをダウンロードし、そのイメージをクラスター内のEC2コンテナインスタンスで実行します。

AWS Fargateを選択すると、ユーザーはクラスターに配置するインスタンスや、インスタンスで動作するECSエージェントを意識する必要がありません。AWS Fargateを利用することで、ユーザーはインスタンスの管理という直接的には付加価値を生まない作業から解放され、真に価値のあるアプリケーションの実装作業に注力することができます。

コンテナエージェント

コンテナエージェントは、Amazon ECSクラスター内の各インスタンス上で実行されます。

インスタンス上で動作するコンテナエージェントが、インスタンスが現在実行しているタスクおよびリソースの使用状況に関する情報をAmazon ECSに送信し、Amazon ECSからリクエストをコンテナエージェントが受信したときはいつでもタスクを開始および停止します。

AWS Fargateを利用すると、コンテナエージェントについて意識する必要がなくなります。

AWS Fargateを始めよう

ここからは、実際にAWS Fargateを利用するための手順を説明します。以下では、ECSマネジメントコンソールから新規にAWS Fargateを利用したタスクの作成を行います。

ここで紹介する手順を行うことで、コンテナを動作させるインスタンスの管理を気にすることなく、コンテナの実行環境を簡単に構築できることを実感すると思います。

ここでは、AWS Fargateが管理するコンテナ上でサンプルのWebサーバを動作させます。作成したWebサーバにブラウザで接続し、動作を確認することができます。

AWSにサインアップ

AWSにサインアップすると、Amazon EC2、Amazon ECSなどすべてのサービスに対してAWSアカウントが自動的にサインアップされます。料金が発生するのは、実際に使用したサービスの分のみです。すでにAWSアカウントを持っている場合は、次のステップに進んでください。AWSアカウントを持っていない場合は、「AWSアカウント作成の流れ」のページ[注4]に従って、AWSアカウントを作成します。クレジットカード、Eメールアドレス、本人確認のための連絡先の電話番号が必要です（図3）。

次のステップでAWSアカウント番号が必要になるので、メモをしておいてください。

IAMユーザーの作成

Amazon EC2、Amazon ECSなどのAWSのサービスにアクセスする際には、サービスに認証情報を渡す必要があります。認証情報を渡すことにより、サービスのリソースへのアクセスを許可されているかどうかが、サービスによって判定されます。

コンソールを使用するにはパスワードが必要です。また、AWSアカウントのアクセスキーを作成して、コマンドラインインターフェースまたはAPIからAWSのサービスにアクセスできます。ただし、AWSアカウントの認証情報を使ってAWSにアクセスすることはお勧めしません。

注4) https://aws.amazon.com/jp/register-flow/

特集2 有名クラウドサービス大研究

◆図3 アカウント作成

◆図4 IAMコンソール

　代わりに、AWS Identity and Access Management（IAM）を使用することをお勧めします。IAMユーザーを作成して、管理権限を使ってユーザーをIAMグループに追加するか、もしくは管理権限を付与します。これで、特殊なURLとIAMユーザーの認証情報を使って、AWSにアクセスできるようになります。

　AWSにサインアップしても、自分用のIAMユーザーをまだ作成していない場合は、IAMコンソールを使用して作成できます。自分用のIAMユーザーを作成し、ユーザーを管理者グループに追加するには以下の手順を実施します。

1. AWSマネジメントコンソールにサインインし、IAMコンソール注5を開く（図4）
2. ナビゲーションペインで［ユーザー］、［ユーザーを追加］の順に選択する（図5）
3. ［ユーザー名］で、ユーザー名（Administratorなど）を入力する（図6）
4. ［AWSマネジメントコンソールへのアクセス

注5）https://console.aws.amazon.com/iam/

◆図5　IAMの作成

◆図6　IAMの追加

の横のチェックボックスをオンにし、[カスタムパスワード]を選択して、新しいパスワード[注6]をテキストボックスに入力する

5. [次のステップ：アクセス権限]を選択する
6. [ユーザーのアクセス権限を設定]ページで、[ユーザーをグループに追加]を選択する
7. [グループの作成]を選択する
8. [グループの作成]ダイアログボックスで、新しいグループの名前を入力する
9. [フィルター]で、[ジョブ機能]を選択する
10. ポリシーリストで、[AdministratorAccess]のチェックボックスをオンにし、[グループの作成]を選択する
11. グループのリストに戻り、新しいグループのチェックボックスをオンにする。必要に応じて[更新]を選択し、リスト内のグループを表示する
12. [次のステップ：確認]を選択して、新しいユー

注6）　オプションとして「パスワードのリセットが必要」を選択すると、ユーザーが次回サインインしたときに新しいパスワードを選択することを強制できます。

特集2

有名クラウドサービス大研究

ザーに追加するグループメンバーシップのリストを表示する。続行する準備ができたら、[ユーザーの作成]を選択する

新規のIAMとしてサインインするには、AWSコンソールからサインアウトし、次のURLを使用します。

```
https://your_aws_account_id.signin.aws.
amazon.com/console/
```

このとき、your_aws_account_idはハイフンを除いたAWSアカウント番号です（たとえばAWSアカウント番号が1234-5678-9012であれば、AWSアカウントIDは123456789012となります）。

作成したIAM名とパスワードを入力します。サインインすると、ナビゲーションバーに「your_user_name @ your_aws_account_id」が表示されます。

AWS Fargate の 「Getting Started」の実行

それでは、具体的にAWS Fargateを利用したタスクの作成方法について説明します。

AWS Fargateで新規にタスクを作成する最も簡単な方法は、「Getting Started」を実施することです。

ここでは、AWS FargateのGetting Startedを利用し、実際にタスクを作成してみましょう。

AWS Fargateを構成するオブジェクト

まず、AWS Fargateを構成するオブジェクトは次のとおりです。

- コンテナ定義
  - コンテナ名、Dockerイメージ、メモリ制限、ポートマッピング、CPUユニット数、タスクの終了時にコンテナを終了するかどうか、コ

ンテナのエントリポイント、コンテナのコマンド、作業ディレクトリ、環境変数などを定義する

- タスク定義
  - タスク定義名、ネットワークモード、タスク実行ロール、互換性、タスクのメモリとCPUの組み合わせを定義する
- サービス定義
  - サービス名、要求タスク数、セキュリティグループ、ロードバランサーのタイプなどを定義する
- クラスター構成
  - クラスター名、VPCなどを指定する

続いて、これらの定義と構成を作成していきます。

AWS Fargateでのタスクの作成と実行

ブラウザで、[Amazon ECSマネジメントコンソール]注7を開きます。画面右上のリージョンがバージニア北部になっていることを確認します（図7）。

マネジメントコンソール画面に表示されている[Get started]をクリックします。すると、Getting Started with Amazon Elastic Container Service (Amazon ECS) using Fargateの画面が開きます。

最初のステップは、コンテナとタスクの定義です。コンテナ定義では、あらかじめ定義されたテンプレートを利用することも、カスタムで定義を作成することもできます。ここでは、sample-appを選択します。[sample-app]を選択し、Container definitionの[編集]ボタンをクリックします。コンテナの編集画面が表示されます（図8）。

この画面では、コンテナ名、Dockerイメージ、メモリ制限（ソフト制限、ハード制限）、ポートマッピングやその他について詳細な設定が行えます。ここでは、設定をそのままにして[キャンセル]をクリックして、もとの画面に戻り、Task definition

---

注7) https://console.aws.amazon.com/ecs/home

第1章
Fargateによるフルマネージドなコンテナ管理
Amazon Web Services

◆図7 Amazon ECSマネジメントコンソール

◆図8 コンテナ定義画面

の[編集]ボタンをクリックします。

Task definitionの設定画面では、タスク定義名、ネットワークモード、タスク実行ロール、互換性（Fargateが指定されています）、タスクのメモリサイズとCPUを設定することができます。ここでは、設定をそのままにして[キャンセル]をクリックして、もとの画面に戻り、[次]ボタンをクリックします。

ステップ2の画面が表示されます。ここでは

サービスの定義を行います。Define your serviceの[編集]ボタンをクリックします。サービスの設定画面が表示されます。

この画面では、サービス名、タスクの要求数、ネットワークアクセスの設定、ロードバランサーの設定などが行えます。ここでは、Elastic Load Balancing (optional)の設定を変更し、Application Load Balancerを選択します。Container to load balanceの設定が表示されたら、そのままの状態で

33

［保存］ボタンをクリックして設定を保存してもとの画面に戻り、［次］ボタンをクリックします。

ステップ3の画面では、任意のクラスター名を入力します。Getting Startedでは、VPCとVPC内のサブネットは自動的に作成されます。

ステップ4は、これまでの設定のレビュー画面です。内容を確認して［作成］ボタンをクリックすると、環境の構築が開始されます。作成の進行状況は、Launch Status画面で確認できます。このとき、Getting Startedが自動作成したCloudFormation Stackが実行されます。

Launch Statusの画面にCloudFormation Stackのリンクも表示されます。このリンクをクリックすると、CloudFormationの実行状況を確認することもできます。また、Launch Statusの画面では、クラスター、タスク定義、サービス、Logグループ、VPC、サブネット、セキュリティグループ、ロードバランサーの情報も確認できます。

環境の作成が完了すると、［View service］のボタンが有効になります。このボタンをクリックすると、クラスター画面に遷移します。クラスター画面では、作成したクラスター（default）を選択して、クラスター：default画面に遷移し、サービス名（sample-app-service）を選択します（図9）。

サービス画面でターゲットグループをクリックしてターゲットグループ画面に遷移し、ロードバランサーを選択します（図10）。

ロードバランサー画面の［説明］タブにあるDNS名の値をコピーします（図11）。

コピーしたDNS名をブラウザのURLに指定すると、コンテナで動作しているAmazon ECSのサンプルアプリケーションの画面が表示されます（図12）。

ブラウザで画面を表示し、コンテナ内で動作しているWebサーバを確認することができました。このように、いかに簡単にコンテナを実行することができるか、実感していただけたのではないでしょうか。

このように、Getting Startedでは簡単にAWS Fargateのアプリケーションを実行することができます。これまでのステップで、クラスターの作成、タスク定義の作成、サービスの作成を行い、ロードバランサーを作成してタスクを実行することができました。

タスクにはVPC用にENIが自動的に割り当てられ、IAMロールが割り当てられ、セキュアに実行することができます。タスクを実行するインスタンスの選択や管理は不要です。このように、容易かつセキュアにDockerコンテナの実行環境を構築することができ、自動的にスケールし、パッチ適用などのサーバの運用・管理も不要であることがAWS Fargateの大きな魅力です。将来は、Amazon EKS（Amazon Elastic Container Service for Kubernetes）もサポートする予定です。AWS Fargateによってアプリケーション開発者は、アプリケー

◆図9　クラスター画面で作成したクラスターを選択

◆図10　ターゲットグループ画面でロードバランサーを選択

◆図11　ロードバランサー画面のDNS名をコピー

◆図12　Webブラウザで表示

ションの設計、実装に集中することができます。

手動でのタスクの新規作成方法

先ほどは、AWS FargateのGetting Startedを利用して簡単にタスクの実行環境を構築しましたが、より詳細な設定を指定して手動で構築することもできます。この方法を使うと、Getting Startではできない、より細かな設定を行うことができます。

クラスター、タスク定義、サービスの詳細な設定方法は以下のとおりです。

1. クラスター画面で、[クラスターの作成]ボタンをクリックし、クラスターの作成を開始する
2. AWS Fargateを利用する場合は、クラスターの作成画面で[Networking only Powered by AWS Fargate]を選択し、[次のステップ]をクリックする
3. クラスター名を入力し、[Create VPC]を選択し、[作成]をクリックする。クラスターが正常に作成されたことを確認する

タスク定義

次にクラスターで動作させるタスクを定義します。左側のペインでタスク定義をクリックし、タスク定義ページを開き、[新しいタスク定義の作成]ボタンをクリックします（図13）。

Select launch type compatibilityの画面で、[FARGATE]を選択し、[次のステップ]をクリックします。

すると、タスク定義の作成画面が表示されます（図14）。各設定項目の中でのポイントは以下のとおりです。

- Configure task and container definitions
  - タスク定義名：タスク定義の名前を指定する
  - Requires Compatibilities：FARGATEになる
  - タスクロール：タスクに割り当てるIAMロールを指定、タスクが利用するAWSのリソースにアクセスするための権限を割り当てる
  - ネットワークモード：AWS Fargateを選択した場合は、awsvpcになる
- Task execution IAMロール：Amazon ECSがプライベートイメージをプルし、タスクのログをパブリッシュする権限を与える。これは、Fargateタスクを実行するときにEC2インスタンスロールの代わりになる
- Task size
  - Task memory：タスクに割り当てるメモリを指定する
  - Task CPU：タスクに割り当てるCPUを指定する

◆ 図13　タスク定義ページで新しいタスク定義の作成をクリック

◆図14 タスク定義の作成画面

- コンテナの定義
  - コンテナ名：コンテナの名前
  - イメージ：コンテナの開始に使用するイメージを指定する。この文字列はDockerデーモンに直接渡される

なお、タスクサイズは、タスクで利用可能なトータルのCPUとメモリのサイズです。CPUの値が決まると、選択できるメモリのサイズが決まります（表1）。

● サービスの作成

クラスター画面の［サービス］タブで、［作成］ボタンをクリックして、サービスを作成します。

サービス設定画面が表示されたら、Launch type、タスク定義、クラスター、サービス名などを確認しながら入力します。設定項目の詳細はド

特集2 有名クラウドサービス大研究

◆表1 選択できるCPUの値とメモリサイズ

CPUの値	メモリの値
256 (.25vCPU)	512MB、1GB、2GB
512 (.5vCPU)	1GB、2GB、3GB、4GB
1024 (1vCPU)	2GB、3GB、4GB、5GB、6GB、7GB、8GB
2048 (2vCPU)	Between 4GB and 16GB in 1GB increments
4096 (4vCPU)	Between 8GB and 30GB in 1GB increments

キュメントをご覧ください。

以上で新しいAWS Fargateのコンテナを作成することができます。

価格

以上のように、AWS Fargateはクラスターインスタンスを管理する必要もなく、容易に開始できます。利用量に応じた課金モデルを採用しているため、最適なコストで利用することができます。タスクによって使用されたリソースの時間に対してのみ課金されます。CPUとメモリに対する課金は秒単位です。1分間の最低利用料金がかかります。執筆時点での利用料は、1vcpu当たり1時間$0.0506、メモリは1Gバイト当たり1時間$0.0127です。

まとめ

AWS Fargateを利用することで、コンテナを利用したアプリケーションの環境構築を非常に容易かつ迅速に行うことができます。AWS Fargateは、VPC networking、load balancing、IAM、Amazon CloudWatch LogsやCloudWatch metricsといったAWSプラットフォームとネイティブに連携しています。AWS Fargateによって、下回りのインフラストラクチャを管理することなくコンテナを実行することができるため、余計な管理作業に手を煩わせることなく、価値のある作業に集中することができます。ぜひAWS Fargateを活用して、競争を勝ち抜くためのすばらしいサービスを提供してください。

38

第2章 Google Cloud Platform
BigQueryによるスケーラブルなビッグデータ基盤

寳野 雄太、金子 亨
Yuta Hono, Toru Kaneko

Google Cloud Platform（以下、GCP）は、Googleがこれまでサービスを作るために開発してきたインフラの一部をそのまま使えるクラウドサービスです。本稿ではまず、クラウドサービスとしてのGCPの特徴を紹介し、GCPの各サービスの概要を解説していきます。そして、BigQueryなどを使ったサーバレスデータ基盤を実際に作ってみましょう。

Google Cloud Platformの特徴

Googleのサービスを支えるインフラストラクチャ

Googleと言えば、最初に頭に浮かぶのはGoogle検索かと思います。まず、Google検索とまったく同じものを作ることになったとしたらどんなシステムが必要になるか考えてみましょう。

検索のシステムは非常に複雑なので簡略化して考えてみます。インターネット上に公開されている130兆を超えるページをたどり、その中に書かれている情報の内容を整理しインデックスを作成します。世界中のユーザーが検索ワードを入力すると、すぐに検索結果を返します。

ここで処理するトラフィック量、検索結果を返すために蓄積するデータ量、そして、これらを即座に処理する計算量を考えると相当な規模のインフラストラクチャとテクノロジが必要なのは想像できるかと思います。

「世界中の情報を整理し、世界中の人々がアクセスできて使えるようにする」。この使命を実現するために、GoogleではDatacenter as a Computerというコンセプトのもと、データセンターファシリティ、インフラストラクチャ、ソフトウェアの各レイヤで独自技術を研究開発し、これらを実装しています。

インフラストラクチャ

Googleでは一般に入手可能なサーバではなく、自社で専用に開発したサーバを使ってサービスを提供しています。このサーバは、コスト効率とエネルギー効率、そしてセキュリティを高い水準で実現しています。

このサーバの中で特筆すべきものは、「Titan[注1]」と呼ばれる独自チップです。このチップはハードウェアベースの信頼の基点になるもので、サーバ起動の過程で動作しホストのブートファームウェアフラッシュに改ざんがないかなどを確認します。このように、サーバの起動から終了までのエンドツーエンドでセキュリティを確保しています。

オペレーティングシステムについてもLinuxベースの独自のOSを開発しています。これにより、無駄なコンポーネントを排除し、軽量高速、かつセキュアな実行環境を実現しています。

この上で展開されるGoogleの各サービスは、基本的に独自のコンテナ技術上で動作しています。2014年の時点で毎週20億個のコンテナを立ち上げているという発表もしていましたが、これだけの数のコンテナをハンドルするためのコンテナ管理システム（コンテナオーケストレーター）も独自で開発したものです。

サーバ間を接続するネットワークについても独自の開発を行っています。Googleでは、アプリケーションのマイクロサービス化や多数のマシン

注1）https://cloudplatform-jp.googleblog.com/2017/09/Titan-in-depth-security-in-plaintext.html

特集2

有名クラウドサービス大研究

を利用した並列分散処理による大量のデータ処理を利用していました。これにより、内部と外部のトラフィックよりも、内部のサーバ間通信の需要が爆発的に増える傾向にありました。この需要に対し、Googleでは2005年からネットワーク機器の独自開発を行い、開発された第5世代のデータセンター内CLOSトポロジーネットワーク（社内名称：Jupiter）では、二分割帯域幅で毎秒1Pビットを実現しています。

また、Googleで保存されるほぼすべてのデータは多層セキュリティモデルの一環として、**デフォルトで複数のレイヤで暗号化**されています。通信中、保存時の各ストレージデバイスでの暗号化やデータベースでの暗号化に加え、分散ファイルシステムのレイヤでも暗号化が行われています。

分散処理ソフトウェア

Googleサービスの大量のトラフィック、大量のデータ、大量の処理量を支えるためには大量の計算リソースやストレージなどが必要になります。

これを一般的な方法で管理するには限界があるため、大きなワークロードを分散処理させるためのソフトウェアをGoogleでは開発しています。そして、その一部を論文という形で発表しています。

このような論文をベースにオープンソースソフトウェア（OSS）として再実装されるケースや、多くのサービスがGCPとしてユーザーが使える状態で提供されるケースもあります。主要なものを**表1**にまとめました。

● クラウドサービスとしての特徴

次に、クラウドサービスという観点で考えたときに、GCPにどのような特徴があるかを見ていきたいと思います。

地球規模のインフラストラクチャに基づくグローバルなサービス

GCPは2018年2月8日時点で、東京を含む15のリージョン、44のゾーンと100を超えるPoP（Point of Presence、通信事業者との接続点）から提供されています。また、今後も大阪を含む4つのリージョンをオープンする計画を発表しています。これらのリージョンの間は延べ数十万キロメートルの光ケーブルでつながれており、各国通信事業者と共同で敷設した海底ケーブルで大陸間もつながれています。

GCP上のそれぞれのサービスには地理的特徴による4つの分類があり、それぞれ次のような特徴があります。

● ゾーンリソース

Google Compute Engineの単一インスタンスなど。単一のゾーン内で動作して単体ではゾーン障害に対する対障害性がない

● リージョンリソース

Google App Engineのサービスなど。単一のリージョン内の複数ゾーン間での冗長性が担保されている

◆表1　Googleの論文がもとになったソフトウェア／サービス

カテゴリ	Googleの論文	影響を受けたOSSまたはGoogleがもととなり公開したOSS	関連するGCP上のサービス
分散データ処理基盤	MapReduce	Hadoop	Cloud Dataproc
分散キーバリューストア	Bigtable	HBase	Cloud Bigtable
コンテナオーケストレーター	Borg	Kubernetes	Google Kubernetes Engine
分散ストリームデータ処理	MillWheel、FlumeJava	Apache Beam	Cloud Dataflow
グローバル分散リレーショナルデータベース	Spanner	CockroachDB	Cloud Spanner
機械学習ライブラリ	TensorFlow	TensorFlow	Cloud Machine Learning Engine

- マルチリージョンリソース
  Cloud Spannerなど。リージョン内およびリージョン間での冗長性が担保されていて、レイテンシか整合性モデルかのトレードオフはプロダクトによって異なり明記されている

- グローバルリソース
  Cloud Pub/Subなど。ロケーションに依存せずグローバルで単一のエンドポイントや単一のエンティティなどを利用できる

GCPの特徴であるグローバルリソースの例として、VPCネットワークが挙げられます。VPCネットワークは特定のリージョンに紐付かないグローバルなリソースです。GCPを利用し始めると、プライベートアドレスで世界中のリージョンに接続されたVPCネットワークがデフォルトで作成されます。このように、GCPのサービスは特定のリージョンやゾーンを指定して利用するリソースだけでなく、マルチリージョンリソースや、グローバルリソースのように地球上に広がっているサービスを利用できるようになっています。

また、これらの特徴を反映して、すべてのリソースが単一のUIから確認できるように配慮されています。たとえば図1では、Infrastructure as a Service (IaaS)であるGoogle Compute Engineの us-east1、asia-east1といったリージョンのリソースが、1つの画面から見てわかるように配置されています。

サーバレス／No-Ops指向

GCPのサービスを使うと、アプリケーションやデータ分析そのものに集中できます。これは、GCPのサービス群がサーバレス／No-Ops指向で提供されているためです。サーバレス／No-Opsの定義もゆらぎがあると思いますが、ここでは「そのサービスで行いたいこと以外のことを極力行わずにシステムを構築・運用できるということ」としたいと思います。

データ分析の例で考えると、分析したいデータを投入してクエリさえ書けば、データ分析基盤がどのような構成で何台でシャーディングされているかや、どのようなデータ配置になっていてその環境に最適なインデックスのチューニングをどうすればよいかを考えなくてもよい状態です。この具体例としてデータ処理サービスを取り上げ、次の節で解説していきます。

Google Cloud Platformのサービス

GCPの特徴を踏まえ、アプリケーションを動かす環境である「コンピュート」、アプリケーション

◆図1 すべてのリージョンのインスタンスが単一のUIで確認できる

特集2

有名クラウドサービス大研究

のデータを格納する「ストレージとデータベース」、アプリケーションとユーザーをつなぐ「ネットワーク」、「機械学習関連サービス」というカテゴリに分けてサービスの概要を紹介していきます。

● コンピュート

Google App Engine

Google App Engine (GAE) は、Webアプリケーションに特化したPlatform as a Service (PaaS) です。GAE上の制約に従わざるを得ない部分がいくつかあるのは事実ですが、制約を受け入れてしまえばデプロイのプロセスを大幅に簡素化し、インスタンスやOSの運用管理、スケーリングなどをいっさい気にすることなく、サーバレスでシステムを構築・運用することができます。

この制約は基本的にステートレス、マイクロサービスといった概念を開発者に強制しますが、その代わりにスケーラビリティ、ランタイム脆弱性対応といった運用部分の対応の必要性は極めて薄くなります。逆に言えば、制約に従ってしまえばモダンなアプリケーションのアーキテクチャに沿っているということです。

また、GAE自体がMemcache、Taskqueueといったステートレスなアプリケーションに必要なコンポーネントを内包しています。ほかにも、Webアプリケーションを作るうえで必要なものは一通りそろっているサービスです。

GAEに展開されたアプリケーションは極めて軽量なGoogleの独自コンテナ上で動作し、インスタンスのスピンアップは最速40ミリ秒程度で行うことができます。VMで行うオートスケールよりも、より突発的なトラフィックの増加に対してユーザー体験を高いレベルで維持したまま対応できます。

また、トラフィック移行機能も具備しています。この機能を利用することで、ワンクリックでBlue-Greenデプロイメントやカナリアリリースを簡単に実現できるだけでなく、A/Bテストの実施も容易に行うことができます。このように、DevOpsにおいて求められるものの多くをカバーできる機能がそろっており、それらが使いやすく統合されて

いるため、コーディングに集中できます。

Google Kubernetes Engine

Google Kubernetes Engine (GKE) は、Dockerコンテナでアプリケーションを構築するためのマネージドサービスです。Googleではもともと各サービスを独自のコンテナで運用してきた歴史があり、2014年にはその知見をもとに「Kubernetes」というコンテナオーケストレーションエンジンをオープンソースでリリースしました。

GKEは、このKubernetes環境自体の構築・運用管理をGoogle側で行い、ユーザーは自身のコンテナを展開するだけで、アプリケーションを実行することができるサービスです。

単純にKubernetesの環境を提供するだけでなく、DevOpsを行うためのツールに自動的に連携しているのも価値があります。たとえば、モニタリングツールである「Stackdriver」の各種サービスに対して自動的にログやメトリックをデフォルトで送信し、可視性の高い運用環境を提供します。アプリケーションを公開する際にはGKEからロードバランサを自動作成し、GKE上のアプリケーションにトラフィックを流すことが1クリックで実行できます。

また、プライベートのコンテナのレジストリサービス (Container Registry) やビルドサービス (Container Builder) なども提供しています。とくに、Container Registryはコンテナイメージ自体の脆弱性スキャン機能などを提供し、Dockerイメージ自体の運用負荷を下げてくれます。

KubernetesがGoogle発のプロジェクトということもあり、開発スピードが速いKubernetesの新バージョンが一般公開 (General Availability：GA) されるとごく短期間でGKEでもアップデートが提供され、ワンクリックでアップデートが可能です。

Google Compute Engine

Google Compute Engine (GCE) は、VMインスタンスを秒単位の課金で利用できるIaaSです。既存のシステムをそのままGCPに移行する場合に最

第2章
BigQueryによるスケーラブルなビッグデータ基盤
Google Cloud Platform

初の選択肢となるサービスです。

GCEで作成されるVMインスタンスの特徴は、単体インスタンスでも可用性が高いということです。ハードウェア障害などの不可避な非計画停止に対する自動再起動と、Google側でメンテナンスを行う必要がある際もVMインスタンスを止めずにメンテナンスを終えてしまうライブマイグレーションという2つの可用性を高めるしくみがデフォルトで有効になっているため、クラウドインフラ側の都合によるインスタンスの再起動は基本的に発生しません。

マネージドインスタンスグループを用いれば、インスタンステンプレートから指定した台数のインスタンスを作成できるだけでなく、負荷に応じてインスタンスの数を増やすオートスケールや、グループ内のインスタンスをきめ細かいポリシーを基に新しいバージョンのインスタンスに順番に入れ替えていくローリングアップデートも簡単に実現できます。

IaaSにとっては、ひとつひとつのサービス間の通信を低遅延・高スループットで支えるというのは非常に重要な役割です。そのために、「Andromeda」と呼ばれるGCEのネットワークスタックも年々改善されています。最新のAndromeda 2.1では2014年のAndromeda 1.0と比べるとレイテンシは約8分の1になっています。

また、GCEは仕様だけでなく、パフォーマンス実測値のクオリティを保つよう努力しています。インスタンスの通信スループットは16Gbpsを上限として1仮想CPU当たり2Gbpsとなっていますが、これに対してマルチストリームのベンチマークで平均15Gbpsを保持できるよう継続して計測、メンテナンスを行っています。

さらに、GCEのCPUとメモリ比率はあらかじめ決められたサイズだけでなく、ユーザー側で自由に選択することができます。これにより、GCEの場合はリソース要件ぴったりのサイズで作成することができ、コストを削減できます。稼働状況からインスタンスサイズが大き過ぎると思われる場合、サイズの縮小と削減額を自動的に提案してくれます。

ストレージとデータベース

Google Cloud Storage

Google Cloud Storage (GCS)はオブジェクトストレージのサービスです。アプリケーションやコマンドラインからあらゆるファイルを保存して取り出すことができます。

表2のように特性が異なる4つストレージクラスがありますが、どのストレージクラスのオブジェクトに対しても同じコマンド／API／SDKを使って操作できます。そのため、読み出し頻度の高いホットなデータであろうと、読み出し頻度の低いアーカイブのデータであろうと、同一のインターフェースで対応することができます。

また、オブジェクトのライフサイクル管理が簡単にできるのも特徴です。作成後の経過日数や作成日をベースにオブジェクトのストレージクラスを自動的にNearlineやColdlineへシームレスに変更したり、自動的にオブジェクトを削除したりすることができます。

どのストレージクラスであっても、データの取

◆表2　GCSの4つのストレージクラス

ストレージクラス名	SLA	特徴・おもな用途
Multi-Regional Storage	99.95%	150キロメートル以上離れた複数のリージョン間で冗長性を担保。グローバルからアクセスがあるホットなデータを格納
Regional Storage	99.9%	リージョン内で冗長性を担保。単一のリージョンからアクセスがあるホットなデータを格納
Nearline Storage	99.0%	月1回程度のアクセスがあるアーカイブデータを格納。バックアップ用ストレージ。ロングテールなコンテンツ。読み込みオペレーション課金がColdlineよりも安価
Coldline Storage	99.0%	年1回程度のアクセスがあるアーカイブデータを格納。災害復旧用ストレージ。保存容量課金がNearlineよりも安価

43

特集2
有名クラウドサービス大研究

り出しのスループットやレイテンシは変わりません。そのため、NearlineやColdlineにしてしまったアーカイブデータだから取り出しのハードルが急に上がってしまうということがありません。

Cloud SQL

Cloud SQLはマネージドのRDBMSサービスです。MySQL、PostgreSQLをサポートしています。すでにこれらのデータベースを使っているシステムを移行する際や、これらのデータベースでとくにスケーラビリティの要件が満たせる場合に選択します。Cloud SQLは内部的にGCE上に展開されていますので、GCEの特徴であるライブマイグレーションなどを活用した可用性の高さはCloud SQLでも発揮されます。

Cloud SQLは、初期構築はもちろんフェールオーバーレプリカ（準同期レプリケーション）とリードレプリカ（非同期レプリケーション）の作成も数クリックで実装することが可能です。パッチ適用やアップデートといったメンテナンス作業もGoogle側で実施しますが、どのウィンドウで行うかを1時間枠で指定することができます。

データベースの運用につきものなストレージの追加も、30秒ごとの監視で閾値を超えているとあらかじめ指定した容量を自動的に追加するという設定で対応することができます。この機能により、ダウンタイムなしでデータベースのストレージ容量が自動追加されます。

Cloud Datastore

Cloud Datastoreはドキュメント指向のフルマネージドNoSQLデータベースです。シャーディングとレプリケーションが自動的に行われ、極めて高いスケーラビリティと可用性を容易に享受できます。また、クラスタやインスタンスをプロビジョンせずに使用でき、課金体系も保存データ容量と読み書きのオペレーション数での課金となっているため、スモールスタートをしつつも負荷パターンが予測しにくいWebアプリケーションやゲームのデータベースとして使用されることが多

いです。

NoSQLでありながら、アトミックなトランザクションを行うことができるうえに、キーによる検索と祖先クエリを使えば、強整合性を持った結果を得ることができますので、強整合性と結果整合性のモデルをケースバイケースで使い分けて、パフォーマンスと一貫性のバランスをデータの操作に応じて取ることが可能です。

Cloud Spanner

Cloud Spannerはマルチリージョンでレプリケーションしながらスケールアウトが可能なNoSQLの特徴と、ACIDトランザクションや強整合性、SQLをサポートしているRDBMSの両方の良さを兼ね備えたマネージド型データベースです。

グローバルユーザー向けのサービスのデータベースや、あらかじめ従来のRDBMSのスケーラビリティでは対応できないことが予測できているシステムなどでとくに使用されています。シングルリージョン構成、マルチリージョン構成（複数リージョンで読み書きが可能）がサポートされています。

一方で注意しなくてはいけない点もあり、Cloud Spannerの性能をフルに引き出すためには、一般的なRDBと異なる独自のベストプラクティスに沿ったスキーマ設計が必要になってきます。たとえば、Cloud Spannerはキーの範囲でサーバ間にデータを分割するので、auto incrementを利用したPrimary Keyではなく、UUIDなどを利用したPrimary Keyにすることで、ホットスポットの発生を防ぐことができるといったことです。

上記のようにいくつか注意点はありますが、こういった最新のテクノロジがすぐに使えるのはGCPならではと言えるのではないでしょうか。

● ネットワーク

VPCネットワーク

VPCネットワークはGCPの環境内に作ることができるプライベートなネットワーク空間です。GCPのVPCネットワークでは、ピアリングを組む必要

第2章
BigQueryによるスケーラブルなビッグデータ基盤
Google Cloud Platform

なくリージョンをまたいだプライベートIP空間で通信を行うことができます。VPCネットワークの配下に、リージョンごとのサブネットワークがゾーンをまたいで展開され、ひとつひとつのVMインスタンスはこのサブネットワークに接続されます（図2）。

サブネットワークに割り振ることができるアドレスはプライベートIPであれば自由に決められ、自由度の高いネットワーク設計をすることができます。

通信の制御はファイアウォールで行います。ルールの指定のしかたは、ソースとターゲットとプロトコルとポートを指定するだけです。ソースとターゲットには一般的なIP範囲やサブネットワークだけでなく、VMインスタンスに付けたタグを指定することができます。インスタンス群の役割や、コントロールしたいプロトコルなどに基づいてタグを付けることにより、インスタンス群をネットワークの文脈で束ねてルールを適用することができます。

このしくみにより、インスタンスのIPを気にせずにファイアウォールのルールを決めることができたり、同じ役割のインスタンス群すべてに対するルール変更を1回のオペレーションで済ませることが可能です。

インスタンスに対する外部IPを付けるかはオプションとなりますが、外部IPを持っていないインスタンスはインターネットへ出ることができません。そうしたインスタンスからGCPのAPIへアクセスするための機能が「Private Google Access」です。この機能が有効になっているサブネットワークからは、外部IPが付いていないVMインスタンスからもプライベートネットワークを通じ`*.googleapis.com`というAPIエンドポイントへアクセスできるようになります。

ロードバランサ

GCPでは大きく分けて下記の3種類のロードバランサが提供されています。

- HTTP／HTTPSロードバランサ
- TCP／SSLプロキシロードバランサ
- TCP／UDPロードバランサ

◆図2 VPCネットワークとリージョン、ゾーン、インスタンスの関係

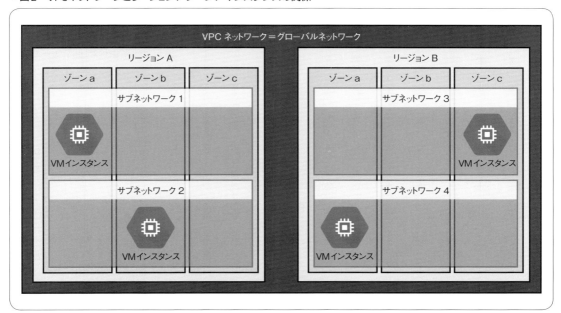

特集2
有名クラウドサービス大研究

ここでは、上の2つについて掘り下げて説明します。

GCPのロードバランサは暖気申請をせずとも高い性能を発揮することができます。これは、Googleのほかのサービスと共同のインフラストラクチャ上でロードバランサが構成されているためです。このため、予期せぬスパイクトラフィックに対しても瞬時に対応し、ユーザー体験を落とさずにトラフィックをさばくことができます。

これらのロードバランサは、1つのグローバルIPアドレスで世界中のサーバへロードバランシングを行うことができます。ユーザーからのトラフィックはユーザーから最も近いGoogleのPoPで終端され、そこから利用可能な最寄りのリージョンのインスタンスへ転送されます。たとえば、日本からアクセスしたエンドユーザーは日本のサーバで処理し、米国からアクセスしたユーザーは米国のサーバで処理をするという負荷分散が可能です（図3）。

エンドユーザーは通信経路が最寄りのPoPになることで、Googleのネットワークインフラストラクチャを利用でき、レイテンシに依存するTCPのオーバーヘッドを軽減できます。また、複数リージョンのロードバランサへのDNSへの管理を簡素化できるだけでなく、リージョン障害の場合やリージョンで処理を受け止めきれない場合に、ほかのリージョンへのトラフィックの退避を自動的に行うことができるというメリットがあります。

他環境との接続

既存のオンプレミス環境や他クラウドの環境とのプライベートアドレス空間での接続では以下をサポートしています。

- Cloud VPNによるIP-sec VPN接続
- Interconnect

Cloud VPNを使い、オンプレミスや他クラウド上のVPNゲートウェイとIP-sec VPN接続を確立し、プライベートアドレスで通信を行うことができます。

1つのCloud VPNで複数のトンネルを張ることができますので、複数拠点との接続も可能です。また、静的ルーティングと動的ルーティングの両方をサポートしており、動的ルーティングを使うときには「Cloud Router」と呼ばれる仮想ルータでBGPを確立します。

Interconnectは、Googleのネットワークと直接接続し、ユーザーのネットワークとVPCネットワークをプライベートIP空間で接続するサービスです。

◆図3 ロードバランサのアーキテクチャ

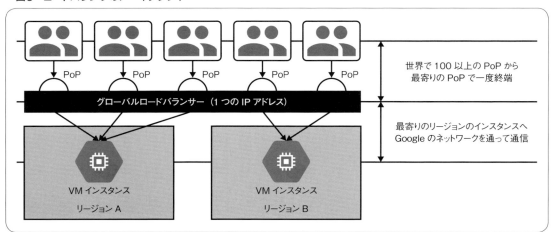

第2章
BigQueryによるスケーラブルなビッグデータ基盤
Google Cloud Platform

● 機械学習関連サービス

Googleでは2016年の投資家向け書簡で「AI first」という方針を掲げ、全社的に機械学習の研究・開発・活用を促進しています。以下では、その技術をそのまま利用できるサービスを紹介します。

機械学習API

一般的な画像認識や音声認識などの領域については、Googleが提供する学習済みモデルをAPI経由で使うことができます。デベロッパに機械学習そのものの知識は必要なく、機械学習のパワーを簡単にアプリケーションに組み込むことができます。

下記が現在提供されている機械学習APIです。

- Cloud Vision API：画像を解析するAPI
- Cloud Speech API：音声を解析しテキストに変換するAPI
- Cloud Video Intelligence API：動画を解析するAPI
- Cloud Natural Language API：自然言語を解析するAPI
- Cloud Translation API：テキストの翻訳を行うAPI

独自モデル

これまで見てきた機械学習APIは簡単に利用できますが、API経由で提供されるモデルに対してカスタマイズをするということができません。そうした課題を解決できるサービスを紹介します。

【TensorFlow】

TensorFlowは、オープンソースの機械学習用ライブラリです。TensorFlowは2015年11月にGoogleが公開して以来、2017年1月15日時点でGitHubのリポジトリのスター数が85,989個となっており、コミュニティで幅広い支持を得ています。TensorFlowを使って機械学習のモデルを実装することで従来よりも簡単に実装できるだけでなく、大規模な機械学習には必須である分散環境で効率的に学習を行える機能のメリットも享受できます。

【Cloud Machine Learning Engine】

Cloud Machine Learning Engineは、TensorFlowで書いたモデルの学習と推論を行うことができるフルマネージドサービスです。

TensorFlowの学習を行う際に必要である大規模な分散処理の環境およびGPUなどを抽象化し、フルマネージドサービスとして提供してくれます。また、「ガウス過程」と呼ばれる手法により、機械学習において労力を要するハイパーパラメータのチューニングを自動的に行うことができます。

学習済みモデルをホストし、推論させるための環境も提供することができ、学習からサービングまでの一通りをアウトソースすることができるでしょう。

【AutoML】

TensorFlowを使いこなすには専門的な知識が必要となってきます。もっと手軽に、個別の要件に合わせたカスタマイズができる方法がCloud AutoMLです。

Cloud AutoMLは、Googleの機械学習のノウハウを適用し、機械学習のエキスパートがいなかったり、機械学習に必要な大量のデータを保持していなくても高品質なカスタムモデルを作ることができます。

Cloud AutoMLの最初の製品として、Cloud AutoML Visionを提供しています。これはユーザー固有の画像データを教師データとしてアップロードし、追加の学習をさせることによって画像認識のカスタムモデルをコーティングなしで作成可能です。また、このカスタムモデルを展開し、REST API経由でアプリケーションに組み込むことも可能です。

【Tensor Processing Unit】

Tensor Processing Unit（TPU）は、Googleが開発したTensorFlow専用のプロセッサです。機械

47

学習が発生させる膨大なコンピューティング需要を満たすために、Googleのサービスの内部でも使われています。

第2世代のTPUは1つ当たり最大180TFlopsの浮動小数点演算を行うことができ、64Gバイトの超高帯域幅メモリと独自の高速ネットワークを備えています。この高速ネットワークを活用し、64個のTPUを接続し、TPUポッドを構成することができます。1つのTPUポッドで11.5PFlopsの浮動小数点演算を行えることになります。

現在GCP上では、GCEにTPUを接続することができる「Cloud TPU」というサービスを限定的なユーザーに対して提供しています。

GCPで実現するサーバレスビッグデータ処理基盤

ここまでで触れたとおり、GCPのサービスはGoogle社内で見えたビジネス課題を解決するために開発された技術をそのまま利用できるサービスです。とくに、ビッグデータ処理、データ分析の分野においてはそれが色濃く出ています。

ここからは、データ収集、処理、分析といったパイプラインをサーバレス状態で実現する例を見ていきます。まず、GCPにおけるビッグデータ処理の全体像を見てみましょう。

GCPにおけるビッグデータ処理の全体像

Google Cloud Platformにおけるビッグデータ処理の全体像は図4のとおりです。

収集、処理、保管・分析の用途別に、サービスを簡単に見ていきましょう。

データを収集する
【Google Cloud Storage】

GCSはデータの保管・分析という部分でも当然利用が可能です。

【Cloud Pub/Sub】

Cloud Pub/Subは、Google社内でも利用されているフルマネージドのメッセージングキューサービスです。こちらはのちほど詳しく紹介します。

データを処理する
【Cloud Dataproc】

Cloud Dataprocは、マネージドのSpark／Hadoopサービスです。既存のSpark／Hadoop資産がある場合やそちらのほうが書き慣れているような場合に利用します。ワークフロー機能を利用してクラスタ作成、ジョブ実行、クラスタ削除までを自動で行うことができます。図4ではバッチ

◆図4　ビッグデータ処理のリファレンスアーキテクチャ

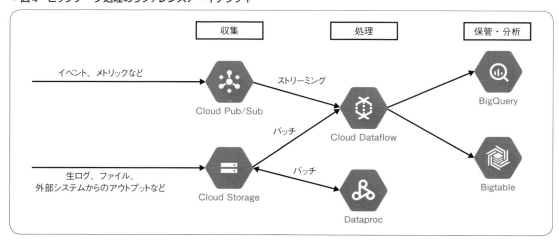

第2章
BigQueryによるスケーラブルなビッグデータ基盤
Google Cloud Platform

での連携となっていますが、Spark Streamingでストリーミング処理を行うことも可能です。

【Cloud Dataflow】

Cloud Dataflowは、バッチとストリーミングの両方を同じプログラミングモデルで記述し、フルマネージドの基盤で実行可能なサーバレスのデータ処理基盤です。こちらについても、のちほど詳しく解説します。

データを保管・分析する
【Cloud Bigtable】

Cloud Bigtableは、Apache HBaseのアイデアのもとになったGoogleのNoSQLデータベースです。その名前のとおり巨大なテーブルで、ストレージ／ノードの分離とスケールアウトにより数十億行、数千列の規模に拡張可能で、数Tバイト、あるいは数Pバイトのデータを格納できます。Google社内では、Googleフォト、Googleマップなどといった膨大なデータを格納されるのに使われており、もともとは検索エンジンのキャッシュをため込むために開発されました。

ベストプラクティスに沿ってスキーマ設計すれば、高いパフォーマンスを実現でき、ノードを追加していくことで性能が線形に推移します。

このような特性から、非常に高いスループットとスケーラビリティを必要とするアプリケーションに向いています。また、MapReduceの一括オペレーション、ストリーム処理と分析、機械学習アプリケーションといった用途におけるストレージエンジンとしても利用できます。近年ではとくにIoT、金融マーケットのデータをストリーミングでため込む、ということに利用できるでしょう。

Bigtable は Apache HBase 1.0+ API をサポートしているため、Cloud DataprocでBigtableに格納したデータを分析、処理することも可能です。2017年12月にBigtableは`asia-northeast1`リージョンでも利用可能になりました。

【BigQuery】

BigQueryはサーバレス、フルマネージドのデータウェアハウスです。Google社内のビジネス部門においてもその多くがデータ分析に利用しています。簡単に特徴を示すと以下のとおりです。

- スケーラブル：数十Pバイト以上まで高いパフォーマンスでスケール
- シンプル：サーバレスで、データを入れたらSQLを書いて分析するだけ
- 共有可能：アクセス権を簡単にシェアし、一般公開されているデータセットを利用してすぐに分析できる
- セキュア：データは常に暗号化され、IAMを利用したきめ細かいアクセス制御が可能
- 低運用コスト：フルマネージドなため、運用コストが低い

BigQueryについては、のちほど詳しく紹介します。

参考までに、これら2つのデータベースの特性をまとめておくと、表3のようになります。

次は、のちほどのハンズオンでも取り上げる特徴的なサーバレスサービス群である、**BigQuery**、**Cloud Dataflow**、**Cloud Pub/Sub**をもう少し深く

◆表3　BigtableとBigQueryの違い

	Cloud Bigtable	BigQuery
1 Valueに対する書き込み／読み込み	10ミリ秒未満	2秒未満
数Tバイトのデータのスキャン	数分	数秒
データフォーマット	Rowベース	Column指向
操作	APIでキー、キーのレンジ指定	SQL
向いているもの	ヘビーな読み書き、イベント	データウェアハウス
向いている用途例	アドテク、金融、IoT、巨大なWebサービス	分析、ダッシュボード、バッチ処理

掘り下げてみましょう。

● BigQuery
（超並列分散データウェアハウス）

　BigQueryは、Googleの社内で利用されているSaaS型のデータウェアハウスです。10億行ものデータを正規表現、GROUPBY、SUMを利用してフルスキャン集計しても4～10秒で完了する性能を備えています。

　BigQueryでは、データセットの中身を確認、クエリを記述、クエリ結果を見る、データをストレージへロードするといった主要な操作のほとんどをGUIで完結できます。利用開始するには、GCPコンソールよりBigQueryをクリックするだけです。

　図5はBigQueryのGUIです。クラスタの作成もなく、すぐにデータの分析が可能となっています。画面左にはデータセットとテーブルの一覧が表示

されており、初回からすぐにデータ分析を試行できるよう、一般公開データセットにアクセス可能になっています（図中①）。

　クエリはテーブルを選択し、画面右のクエリインターフェースに記述します（図中②）。クエリ画面上で実行すると結果が画面右下へ表示され、結果をGUI上でも、CSVやJSON形式でダウンロードすることも、別のテーブルとしてBigQuery内部に書き出すことも、Google Sheetsへ書き出すことも可能です。

　今回の画面では一般公開データセットの、米国の出生データ（約1.3億行）に対して州別の出生数を集計するクエリを書いて実行をした結果、キャッシュなしで2.6秒で完了したことがわかります（図中③）。

　BigQueryのリソースは、プロジェクト-データセット-テーブルという概念で紐付きます（図6）。ユーザーはデータセットを作成し、テーブルを定

◆ 図5　BigQueryコンソール画面

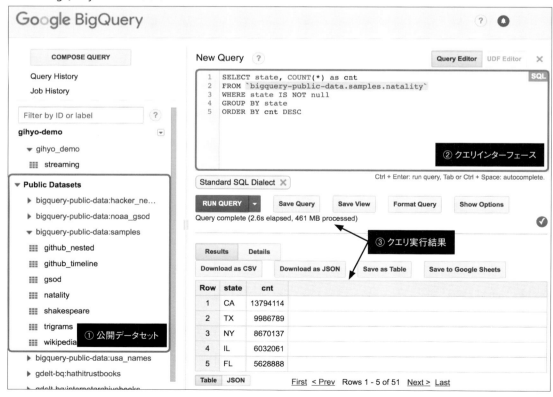

◆図6　BigQueryのソースの概念

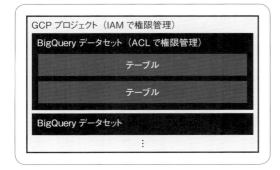

義しクエリを実行します。権限さえあればデータセットをまたいだJOIN処理も可能です。

　GCPではIAM（Identity and Access Management）を使って権限管理を行いますが、BigQueryデータセットでは、さらに細かいACL（Access Control List）を利用してデータセット単位の権限を管理します。

　データをBigQueryのストレージへロードする際も、同様にGUIからの操作だけで完結できます。たとえば、読み込ませたい対象のCSVファイルをローカルやGoogle Cloud Storageから選択し、BigQueryでテーブルとして扱う際のスキーマを設定するなど一連の動作が簡単に行えます。

　また、データセット権限を必要に応じてACLで他人にシェアすることも可能です。取り込んだデータをすぐにチームで共有し分析できます。

BigQueryのコストモデル

　BigQueryの課金は、使った分のリソースのみに対して行われます。課金されるおもなリソースは執筆時点では以下のとおりです。

- ストレージに保存したデータの容量
- ストリーミングインサートの容量
- クエリで処理した対象データサイズ

　BigQueryのストレージ料金は、`us-central1`リージョンでRegionalストレージ、Nearlineスト

◆表4　BigQueryストレージとGoogle Cloud Storageの比較（2018年1月16日現在）

ストレージの種類	料金[Gバイト／月]
BigQueryストレージ	0.02ドル
BigQuery長期利用ストレージ	0.01ドル
GCS Regionalストレージ	0.02ドル
GCS Nearlineストレージ	0.01ドル
GCS Coldlineストレージ	0.007ドル

レージと比較した場合、GCSの料金とさほど変わりありません（表4）注2。よって、分析に利用される構造化されたデータは、BigQueryにロードしてそのまま保管するパターンも多く見られます。

　ただし、BigQueryと同じリージョンのGCSを経由してからデータをバッチ読み込みすることで、直接アップロードするよりも「データアップロード」「カラム指向フォーマットへの変換」という2段階の処理を「GCSへのアップロード」「BigQueryへのロード」というように分割し、失敗した際のリトライが早くできます。

　そのため、GCSをBigQueryへの構造化データの中間ストレージとして利用することもよくあります（同じリージョンのGCSとBigQueryはJupiterネットワークで接続されており、ロードが高速です）。

　クエリ課金については、ある一定の演算能力を定額で提供するモデルも用意されています。ビジネス側ユーザーも含めてクエリを書くことへの心理的障壁を下げたい、予算をある程度固定化して見積もりたい、システムで大量にクエリを処理するなどの場合には定額料金の利用も検討するとよいでしょう。

Cloud Pub/Sub（グローバルなメッセージキューサービス）

　Cloud Pub/Subは、フルマネージドのメッセージングサービスです。一対多、多対一、多対多のメッセージ伝達を、低レイテンシで、グローバルに提供します。以下のような特徴があります。

注2）価格に関しては、最新かつ正確な情報は公式ドキュメントを参照してください。

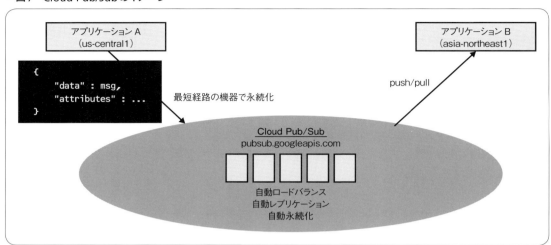

◆図7　Cloud Pub/Subのイメージ

- リージョンを意識する必要がなく、どこからでもデータをPublish／Subscribeできる
- At least once（少なくとも1回）の配信保証
- 7日間のメッセージ永続性
- 多対多のPublisher／Subscriberモデルによりアーキテクチャを疎結合にできる
- フルマネージドのスケーラビリティ、可用性

　とくにユニークなのはリージョンを意識する必要がないという点で、さまざまなリージョンでアプリケーションが動作する際に便利です。たとえば、`us-central1`リージョンでデータをPublishする際には`https://pubsub.googleapis.com`へデータをPOSTし、そのデータをエンドポイントの変更なしに`asia-northeast1`リージョンで透過的に読み出せます。リージョン依存の設定項目が1つ減り、アプリケーションをよりシンプルに保てます。

　また、リージョン間のメッセージの伝送経路を考える必要もなくなります。Pub/SubはGoogle社内でも検索、GmailなどのGoogleサービスで1秒当たり1億件以上のメッセージ、総計で毎秒300Gバイト以上のデータを送信しています。実態としては、世界中に分散された複数のリージョン内で稼働しています。Publishされたメッセージはネットワーク距離的に最も近いリージョンへ転送され、複製・永続化されます。

　Pub/Subに格納されたデータは、Subscribeしているシステムに対し、At least onceの精度でメッセージを配信します。これは、送られたメッセージは必ず一度は届けられることは保証されるが、重複が起き得るという配信保証の精度です。後段のシステムでは、同じメッセージが二度配信され得ることを意識しデータを受け取る必要がありますが、これも後述するCloud Dataflowを用いることでデータ処理の用途では抽象化されます。

　Pub/SubはGCP以外の環境からも利用可能で、ハイブリッドで連携するアーキテクチャを組む必要がある際などに利用されることもあります。たとえば、New York Timesではモノリシックのアーキテクチャの古いシステムからマイクロサービス構成のアーキテクチャに作り変える際に、新旧の環境を連携させるためにPub/Subを利用しました[注3]。

　また、Publisher／Subscriberモデルであるため、コンポーネントが増えた際も各コンポーネント間の通信をシンプルに保つことが可能です（図8）。

　フルマネージドサービスであるため、スケーラ

注3）https://open.nytimes.com/play-by-play-moving-the-nyt-games-platform-to-gcp-with-zero-downtime-cf425898d569

◆図8　Cloud Pub/Subを利用した場合のコンポーネント通信

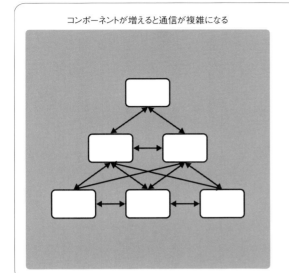
コンポーネントが増えると通信が複雑になる

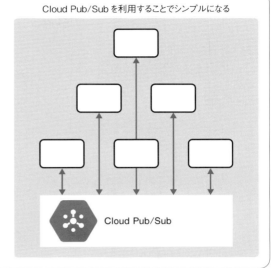
Cloud Pub/Subを利用することでシンプルになる

ビリティと可用性をユーザー側が考える必要はありません。音楽配信サービスのSpotifyではPub/Subを選定する前に負荷試験を行い、毎秒200万メッセージのPublishと、毎秒80万メッセージのSubscribeまでを確認しています注4。

このような規模までGoogleのSite Reliability Engineer（SRE）がサービス運用を行ってくれると考えると、非常に楽に利用できるサービスではないでしょうか。

Cloud Dataflow（マネージドストリーム／バッチデータ処理）

Cloud Dataflowは、データの流れをプログラムで記述し、実行するサーバレスのデータ処理基盤です。Google社内で使われているデータ処理のテクノロジを統合したもので、以下のような特徴があります。

- ストリーミング、バッチの両方に対応
- ジョブはオープンソースのプログラミングモデルで記述、フルマネージドの基盤で実行

- クラスタを作り管理するのではなく、必要なときにジョブを動作させる
- オートスケーリングによるスケーラビリティの管理からの解放
- ダイナミックワークリバランスによる高い実行効率、短い処理時間
- Exactly onceな処理の保証

Cloud DataflowとApache Beam

Dataflowはバッチ、ストリーミングの両方を処理することができます。そのジョブの処理は、バッチ、ストリーミングともに共通したプログラミングモデルで記述をすることができます。

このプログラムを書くプログラミングモデルとSDKを提供するのが、オープンソースのApache Beam注5です。Beamで記述したデータ処理は、Apache Flink、Spark、Hadoop、IBM Streams、ローカル環境といったさまざまな実行環境（ランナー）で動作させることが可能です。

そのランナーの1つにDataflowがあります。開発者はデータの流れと処理内容をパイプラインと

注4）　https://cloud.google.com/blog/big-data/2016/03/spotifys-journey-to-cloud-why-spotify-migrated-its-event-delivery-system-from-kafka-to-google-cloud-pubsub
注5）　https://beam.apache.org/

して記述し、実行します。図9にそれらの関係をまとめました。

Apache Beamのプログラミングモデル

BeamではJavaやPythonのSDKを利用し、パイプラインを記述してジョブにおけるデータ処理の流れを記述します。たとえば、GCSにあるCSVデータを読み出し（「ソース」と呼ぶ）、別途定義した変換処理（Transform）を行い、ローカルにファイルを書き出す（「シンク」と呼ぶ）場合のパイプラインのイメージはリスト1のとおりです。

リスト1のコードでは、上から順にデータの処理が進むイメージになっています。`ParDo`の中に渡された別途定義した`Transform1`の処理が並列処理で実行されることになります。このような`Transform`の処理が用意されており、データ処理に特化したSDKがビジネスロジック以外を抽象化

してくれるのがBeamの良さの1つです。

これをストリーミングとしてPub/Subよりデータを読み取り、別のトピックへ書き戻すように変更したい場合は、ソースとシンクを変更するだけです（リスト2）。

上記の例を見ると、同じモデルでデータ処理が記述できたことがわかるかと思います。現実世界で、ラムダアーキテクチャ[注6]のようにバッチレイヤ／スピードレイヤで用いる技術コンポーネントやプログラミングモデルが異なることなどは学習コストの観点で大きな課題です。

Beamを利用することでその差分は極小化され、またDataflowでバッチ／ストリーミング両方を同じマネージドサービスに任せることで技術コンポーネントへのキャッチアップコストも最低限に抑えながら、ビジネスロジックに集中することが可能です。

また、今回の例では、Pub/SubやGCSをソースとし、BigQueryやBigtableをシンクとしていますが、GCPのコンポーネント以外にもさまざまなI/Oをサポートしています。たとえば、メッセージングキューであるKafkaやAmazon Kinesis、データベースではCassandraやHBase、JDBCなどです。その他多くのI/Oがあるので、自分で1から書かなければならない手間も省けます。

Dataflowには、ジョブをプログラムで記述しなくてもある程度のデータ連携ができるよう、データ処理のテンプレートが提供されています。テン

◆図9　Cloud DataflowとApache Beamの関係

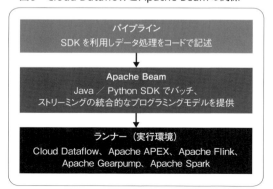

◆リスト1　Apache Beamでバッチの処理を記載した例。GCSよりデータを読み出し、ローカルファイルシステムに書き出す

```
p.apply(TextIO.read().from("gs://apache-beam-samples/shakespeare/*"))
.apply(ParDo.of(Transform1(...)))
.apply(ParDo.of(Transform2(...)))
.apply(TextIO.write().to("wordcounts"));
```

◆リスト2　Apache Beamでストリーミングの処理を記載した例。Pub/Subよりデータを読み出し、Pub/Subの別トピックに書き出す

```
p.apply(PubsubIO.read().topic("projects/.../input_topic"))
.apply(Window.<Interger>by(FixedWindows.of(5, MINUTES)))
.apply(ParDo.of(Transform1(...)))
.apply(ParDo.of(Transform2(...)))
.apply(PubsubIO.Write.to("projects/.../output_topic"));
```

注6）http://www.intellilink.co.jp/article/column/bigdata-kk03.html

プレート機能を用いてジョブを起動すると、プログラミングなしでDataflowを利用したデータ処理を行うことができます。

Cloud Dataflowのジョブ

Dataflowを実行すると、ワーカーが動作しジョブがコンソール上に表示されます。これらのワーカーはジョブが動作している間のみ存在し、ジョブが終了すると自動的に破棄されます。

図10は、バッチモードで実行したジョブが動作している状態です。ジョブが実行されると、データの流れがグラフとして可視化され、コンソールではそれぞれのステップでどのようなログやエラーが出ているかを直感的に確認できます。

ジョブの途中でも、Dataflowは負荷に応じたワーカー数をオートスケールしてくれます。これにより、必要なときには多くのワーカーを一瞬だけ特定のステップで立ち上げ、不要なときには削除し、データを処理する内容に合わせて最も効率的なリソースの使い方を選択してくれます。オートスケールの上限を定めたり、マニュアルスケーリングでゆっくりと実行することも可能です。

◆図10　ジョブ実行の様子

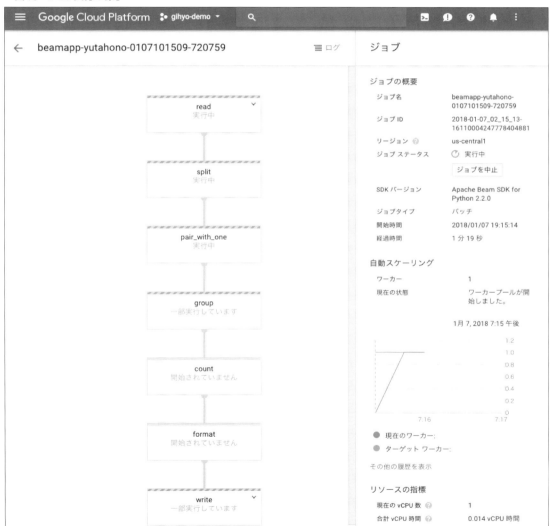

オートスケールを利用しておけば、バッチでデータが急に増えた際の処理時間の突き抜けも自動対応され、ストリーミングで大量にスパイクした際もリソースの追加に悩まされることがありません。

始めてみよう、Google Cloud Platformのデータ処理

それでは、Cloud Pub/Sub、Cloud Dataflow、BigQueryを利用して、サーバレスのビッグデータ処理基盤を作ってみましょう。本ハンズオンでは、コーディングなし、すべてGUIにおける操作でGCPのストリーミングデータ処理を実行できるまでを目的としています。

実現するゴール

本ハンズオンを完了すると、以下のようなことが可能なシステムが構成されます。

- データをJSON形式で発行
- 発行されたデータがすぐさまBigQueryに書き込まれ、分析が可能
- サーバレスで、運用の稼働が最小化される

具体的には図11のようなアーキテクチャを構成します。

各コンポーネントの担う役割は以下のとおりです。

- Cloud Pub/Sub：メッセージを受け付け、永続化する。また、コンポーネントを疎結合に保つ
- Cloud Dataflow：Pub/Subに格納されたデータをストリーミングで取り出し、BigQueryへ書き込む
- BigQuery：データが書き込まれる永続化ストレージであり、分析用データウェアハウス。ここに格納されたデータを分析することを最終目標とする

実際のシステムにおいては、流れてくるデータには以下のようなものが想定されます。

- システムのログ
- IoTデバイスより断続的に流れてくるデータ
- Webサイトのアクセスログ　など

このハンズオンで作成するパイプラインにデータを流し込むことで、これらのデータを損失させず、ニアリアルタイムですぐに分析することが可能になります。

それでは、さっそく始めましょう。

Cloud Pub/Subの設定

まずは、メッセージを流す対象であるトピックを作成します。

コンソールより[Cloud Pub/Sub]注7に移動し、[トピックを作成]をクリックします。

今回はトピックの名前を「gihyo-demo」として入力し、[作成]をクリックします。これで、gihyo-demoというトピックが作成されました（図12）。

本来、Cloud Pub/Subからデータを読み出すた

▼図11　本ハンズオンで実現するゴールのイメージ

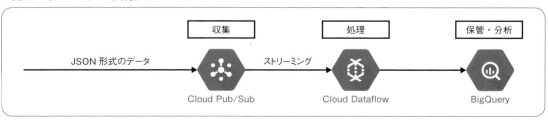

注7）https://pantheon.corp.google.com/cloudpubsub/

第2章
BigQueryによるスケーラブルなビッグデータ基盤
Google Cloud Platform

めには、トピックを購読するサブスクリプションを作成する必要がありますが、Cloud Dataflowのテンプレートを利用する際には自動でサブスクリプションが作成されるため、今回は手順を割愛します。

これでCloud Pub/Subからデータを読み出す準備ができました。ここからは、データの受け側であるBigQueryとデータをCloud Pub/Subより読み出し、BigQueryにストリーミング挿入するCloud Dataflowを設定していきます。

BigQueryの設定

まずはデータセット、テーブルを作成し、データが挿入可能な状態にします。

データセットの作成は、図13のとおり[Create new dataset]から行います。データセットのIDに`gihyo_demo`を入力し[OK]をクリックします。

データセットが作成されたら、データセットの右側ボタンを押して[Create new table]を選択します(図14)。

画面右にテーブルの作成画面が開かれたら、パラメータを入力します(図15)。

- Source Data：`Create empty table`を選択
- Destination Table
  - Table name：`gihyo_demo.streaming`を入力
- Schema：以下の値を入力する
  - `id`：`INTERGER`タイプ、`NULLABLE`
  - `value`：`INTERGER`タイプ、`NULLABLE`

入力後に[Create Table]をクリックすれば、テーブルの作成は完了です。

Cloud Dataflow起動の準備（Cloud Storageの設定）

オブジェクトストレージであるCloud Storageは、今回のデータ処理では利用されていませんが、Cloud Dataflowは動作中に一時ファイルをダンプする場所としてCloud Storageを利用します。そ

◆図12　「gihyo-demo」トピックが作成された

◆図13　データセットを作成

◆図14　データセットを作成

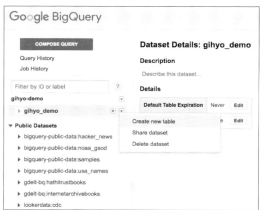

57

特集2

有名クラウドサービス大研究

◆図15　Tableパラメータの入力

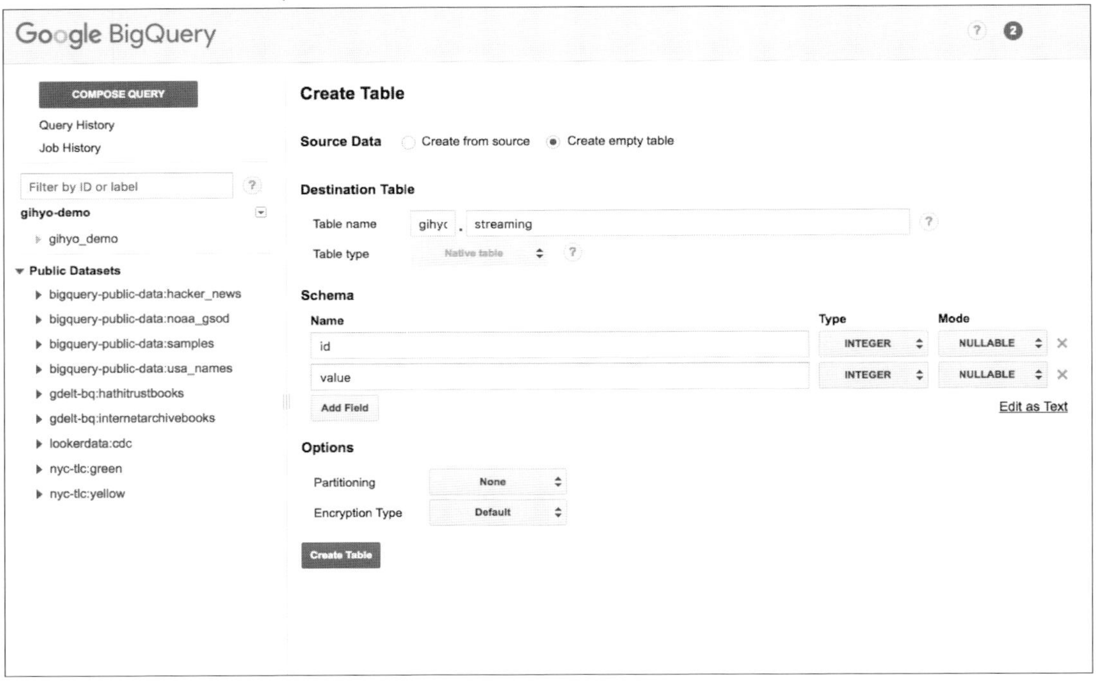

の一時ファイルのダンプ場所を作成します。

コンソールより［Cloud Storage］注8に移動し、［バケットを作成］をクリックします。表示されたバケットの作成画面で、以下のパラメータでバケットを作成します。

- 名前：`gihyo-demo-<project_id>`注9
- デフォルトのストレージクラス：Regional を選択
- Regional のロケーション：us-central1を選択

パラメータ入力後、［作成］をクリックします。自動的に作成されたバケットに移動し、バケットが確認できます（図16）。

画面上部に表示されている［フォルダを作成］をクリックします。名前は`dataflow_tmp`と指定し、［作成］をクリックします。これでフォルダが作成されました（図17）。

作成されたバケット名、フォルダ名はあとで必要になりますので、書きとめておきましょう。

● Cloud Dataflowの実行

Cloud Pub/SubよりPublishされたデータを読み取り、BigQueryにストリーミング挿入を行うCloud Dataflowを立ち上げます。

通常、Cloud Dataflowではコードを書いて処理を記述しますが、今回は処理が簡単であるため、テンプレートを利用してジョブを作成します。

［Cloud Dataflow管理画面］注10へ移動し、［＋テンプレートからジョブを作成］をクリックして、開かれた画面に以下のパラメータを入力します（図18）。

- ジョブ名：`gihyo-demo-<YYYYMMDD>`（YYYYMMDDには日付を入力）

注8）https://pantheon.corp.google.com/storage/
注9）名前は Cloud Storage内で一意である必要があるため、プロジェクトIDを付与し指定してください。
　　　https://cloud.google.com/resource-manager/docs/creating-managing-projects#identifying_projects
注10）https://pantheon.corp.google.com/dataflow

第2章
BigQueryによるスケーラブルなビッグデータ基盤
Google Cloud Platform

◆図16　バケットが作成された

◆図17　フォルダが作成された

◆図18　テンプレートからジョブを作成

- Cloud Dataflow リージョンエンドポイント：us-central1 を選択
- Cloud Dataflowテンプレート：PubSub to BigQuery を選択
- Cloud Pub/Sub input topic：projects/<project_id>/topics/gihyo-demo を入力（プロジェクトIDは環境に合わせて変更）
- BigQuery output table：<project_id>:gihyo_demo.streaming を入力
- 一時的なロケーション：gs://<bucket_name>/dataflow_tmp を入力（バケット名は先に作成したCloud Storageバケット名を入力）

　入力後に［ジョブを実行］をクリックすると、ジョブのデータの流れが表示され、ジョブが立ち上がります（図19）。これでデータをストリーミングする用意ができました。

● 動作テスト

　それでは、データをこのストリーミングパイプラインに挿入してみましょう。Cloud Pub/Subの画面に移動し、先ほど作成したトピックを選択します。
　選択したトピックの［メッセージを公開］をクリックし、リスト3のようなJSONをメッセージとして入力し、［公開］をクリックします（図20）。

59

特集2
有名クラウドサービス大研究

◆図19　実行中のジョブ

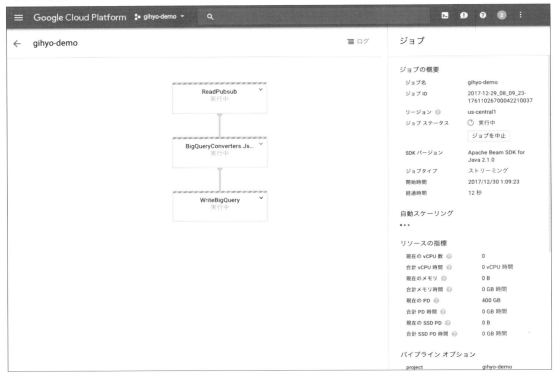

◆リスト3　Cloud Pub/Subに流し込むメッセージ。実際はIoTのデータやサーバのログ、アプリケーションのイベントなどが相当する

```
{
    "id": 1,
    "value": 1
}
```

◆図20　メッセージのPublish

第2章 BigQueryによるスケーラブルなビッグデータ基盤
Google Cloud Platform

◆リスト4　BigQueryにデータが挿入されたことを確認するクエリ

```
SELECT id, value FROM [<project_id>:gihyo_demo.streaming] LIMIT 100
```

◆図21　BigQueryでの結果の確認

◆図22　Cloud Dataflowでの結果の確認

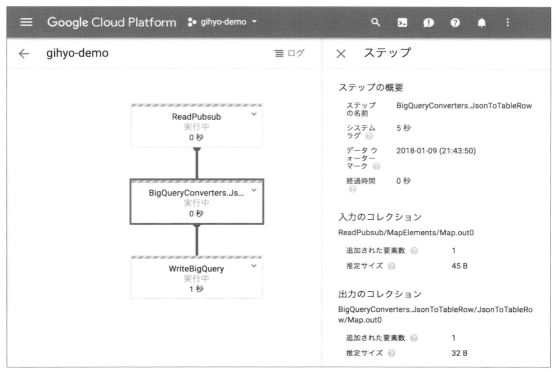

61

特集2 有名クラウドサービス大研究

メッセージが公開されたら、BigQueryにデータがストリーミング挿入されたことを確認しましょう。［BigQueryの画面］注11へ移動し、画面左上の`COMPOSE QUERY`をクリックして以下のクエリを記入します（リスト4）。`<project_id>`は自分の環境に応じて変更してください。

クエリを書き終えたら、［RUN QUERY］をクリックし、クエリを実行します（図21）。

先ほどPublishされたデータが挿入されていることが確認できました。また、Cloud Dataflowのコンソールにおいても、ジョブのステップ`BigQuery Converters.JsonToTableRow`をクリックすると、処理内容が確認できます（図22）。

［入力のコレクション］および［出力のコレクション］の［追加された要素］がそれぞれ1となっていれば、1件のデータが入出力されたことになります。

なお、BigQueryではストリーミング中のデータはPreviewには遅れて反映されることから、今回のハンズオンではデータの確認をクエリを書いて行いました。

まとめ

本ハンズオンでは、データのストリーミング処理がGoogle Cloud Platformを用いることで、サーバレス、プログラミングなしで実行できることを確認できました。このような環境は運用稼働を極小化し、またスケーラビリティもGoogle社内のインフラと同じ技術で担保されていることから、データの取り扱いが非常に楽になります。

今回はサーバレスデータ処理に着目してこの内容を紹介しましたが、前半で紹介したとおり、GCPにはこのほかにもGoogleの抱えた課題を解決するために作られた技術を最新の形で使えるさまざまなサービスがあります。ぜひ、データ処理だけでなく、みなさんの環境でも試してもらえればうれしいです。

注11）http://bigquery.cloud.google.com/

第3章 Microsoft Azure
Web Appとコンテナによる Webサーバ環境の構築

廣瀬 一海
Kazumi Hirose

Microsoft Azureは、2010年2月から提供を開始した、誰もが利用することができるパブリッククラウドです。本稿の前半ではコンピューティング、ストレージ、ネットワークなど代表的なサービスについて解説します。後半では、OSS開発言語の.NET Coreプロジェクトを作成し、Web AppsとContainer Instancesへデプロイする方法を解説します。1つのプロジェクトがOS、開発環境を問わずに動作するポータビリティを感じてもらえればさいわいです。

 Microsoft Azureとは？

Microsoft Azure（以下、Azure）は、さまざまな目的とニーズに応えるIaaSやPaaSなどのサービスを提供しており、年々新しいサービスの発表と既存のサービスへの機能強化が行われています。

● 世界最大級の展開リージョンとインフラストラクチャ

リージョンとは、Azureのデータセンター（DC）が展開されている地域のことで、現在は世界に42

◆図1　Azureのリージョン

特集2
有名クラウドサービス大研究

のリージョン（**図1**）が発表されています。

これらの各リージョンは複数のDCで冗長構成されています。これは「AZ」と呼ばれています。AZの中では、ラック、スイッチ、配線、電源などが分離された「アフィニティ」と呼ばれる、ラック単位障害を最小限にとどめるしくみが構成されています。

Azureのリージョン設計は原則として2ペアで構成され、日本では東日本と西日本でペアを構成しています。これらのペアは、Azureの可用性を向上させるしくみとして、Azure Storageのデータ保持やディザスタリカバリに活用されています。

地球64周を超える光ファイバー網

各リージョン間は、およそ277万キロメートルの自社WAN網で相互接続されており、執筆時点（2018年1月）でも拡張が続いています。

これらのネットワークは、ExpressRoute Premiumやリージョン間ピアリングなど、Microsoftのバックボーンを通じて海外リージョンへと接続する機能や、Azure Cosmos DBのようなマルチリージョンレプリケーションに活かされています。

運用の透明性、コンプライアンス、サービスレベル、法制度

コンプライアンスは業界でも最大級の認証取得数であり、あらかじめAzureで取得した認証の提出を行うことによって、利用者の監査対応時間を低減できます。

Azureでは、Import／Exportなどの対人対応が行われる一部のサービスとプレビュー中のサービスを除いて、ほとんどのサービスにSLA（Service Level Agreement）を設けています。

各国の法制度と通貨に対応し、日本では日本円で支払いを行い、合意管轄裁判所も東京地方裁判所です。

国内では、クラウドセキュリティ推進協議会による、CSゴールドマーク、マイナンバー運用を行

う取り組みなど、利用者に対して透明性の高いセキュリティとプライバシーを提供しています。

Azureで利用可能なソフトウェアとオープンソース

Azureでは、Windows ServerだけでなくRHEL（Red Hat Enterprise Linux）やFreeBSDなどのPC-UNIXディストリビューションが動作します。そして、次のようなOSS推進団体への参加、開発、貢献も行っています。

- Apache Software Foundation
- Open Compute Project (OCP) Foundation
- Linux Foundation
- Eclipse Foundation
- Cloud Foundry Foundation
- Cloud Native Computing Foundation (CNCF)
- MariaDB Foundation
- Open Source Initiative

また、分散コンピューティングの研究者であり、LaTeXの開発者でもあるLeslie Lamport氏、KubernetesのリードエンジニアのBrendan Burns氏などを始めとし、OSSに貢献するエンジニアや研究者が数多く所属しています。

Azureポータルと Azure Cloud Shell

Azureでは、ポータルからのGUI操作および、Azure PowerShellやAzure Xplat CLIを使ったCLI操作による構築、設定変更ができます。

Azure Cloud Shell（**図2**）を使えば、インストール不要でCLI操作ができます。

ポータルからは作成済みリソースをJSON、CLIにエクスポートができ、テンプレート化やInfrastructure as Codeを支援します。

このほかに、GitHubで公開されているテンプレート集[注1]を参考にできます。

注1） https://github.com/Azure/azure-quickstart-templates "Git Hub - Azure Quickstart Templates"

第3章
Web Appとコンテナによる Webサーバ環境の構築
Microsoft Azure

◆図2　AzureポータルとAzure Cloud Shell

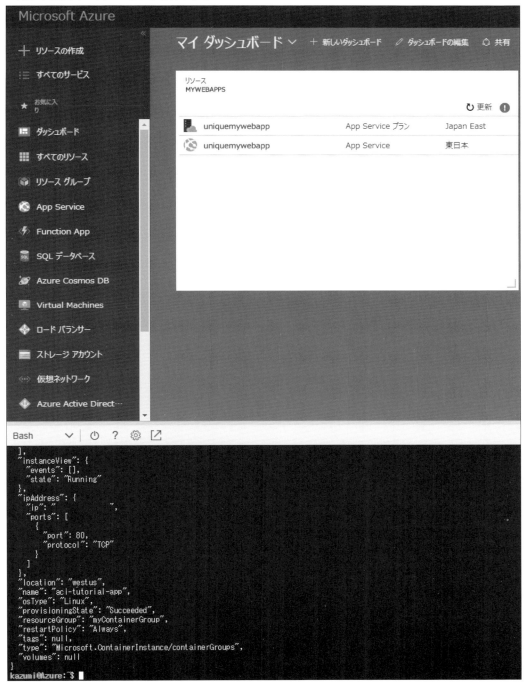

特集2 有名クラウドサービス大研究

どのサービスを使ってアプリケーションを実行するか?

Azureではアプリケーションを稼働させるために、目的別のさまざまなサービス（図3）が提供されており、すでに目的の機能を持つPaaSがマネージドで提供されているというケースが多々あります。しかし、その豊富さゆえに利用者にとって複雑に感じることがあります。

以降では、代表的ないくつかのサービスをご紹介します。

Azure 仮想マシン

Azure仮想マシンは、Windows、Linux、FreeBSDなどのOSがあらかじめインストールされた仮想マシンを提供します。

分単位で利用することができ、秒単位は切り捨てです。CPUコア数とメモリサイズ、永続ストレージの種類と目的によって使い分けます。

価格重視のAv2/F、汎用のDシリーズ、GPU搭載のNシリーズ、HPC向けのHシリーズなど、目的別に豊富なラインナップがそろっています。一部のVMシリーズのWindows Serverでは、Nested Hyper-Vによって、仮想マシンの中に新たに任意

◆図3 Azureのプロダクト

第3章
Web Appとコンテナによる Webサーバ環境の構築
Microsoft Azure

のVMを作成することもできます。

任意のPowerShellやBashスクリプトをフックし、Ansible、Chef、Puppet、PowerShell DSCなどを展開時に自動実行させることなども可能です。

同一イメージの仮想マシンを大量に水平配置するケースやHPCなどには、VMSSを使うことで1台から1,000台まで仮想マシンを自動展開します。

自由度が高い反面、OS以上でのパッチ適用やセキュリティ対策、可用性向上対策などはユーザーが環境を維持する責任を負います。

さまざまなサードパーティが用意したインストール済み製品をマーケットプレイスから起動したり、イメージを持ち込んだりすることができ、ソフトウェアのライセンスを満たせば、イメージは自由にオンプレミスに持ち出すことも、持ち込むこともできます。

Azure Batch

Azure Batchは、Windows、Linux、コンテナによる分散バッチ環境を秒単位課金で提供するPaaSです。

コア数、メモリなどを定義した仮想マシンプールに対し、タスクを定義し、定義済みのタスクを実行するジョブを投入し、ジョブ実行の管理やプロセスがフリーズしないかなどのモニタリングを行います。

C#やNode.jsなどのSDKを使ったコントロールだけでなく、JSON形式でタスクを定義し、Azure CLIを使ってBAT形式やPowerShell、Bashなどのシェルスクリプトのジョブを実行することも可能です。たとえば、オープンソースの動画変換ソフトウェアである「FFmpeg」を使って大量の動画ファイルを並列にトランスコードするなどの用途が考えられます。

Azure Container Instances

Azure Container Instancesは、コンテナ1個から1秒単位の実行課金で利用できるコンテナホスティングです。

コンテナ環境でのアプリケーションデバッグ、CI/CDパイプラインなどでコンテナイメージビルド時の自動テスト環境や試行錯誤する際のテスト環境に適しています。

Azure Container Service

ACS（Azure Container Service）は、Azure仮想マシンの可用性を考慮してクラスターが設計、展開されており、手作業でコンテナ用インフラ作成を行う手間が省けます。

Kubernatesについては、Azure CLIとの連携、よりマネージドコンテナホスト環境として強化され、AKS（Azure Kubernates Service）として提供されています。

ACSに使われている展開エンジンは、MITライセンスのオープンソースとして公開されています。

Azure Container Registry

Azure Container Registryは、開発チームや企業内のみでプライベートにコンテナイメージを運用するためのレジストリです。

各国のリージョンにレプリケーションする機能があり、レプリケーション先リージョンから配信することでイメージ展開時のネットワーク利用を減らし、コンテナイメージの展開時間を短縮することができます。

Webアプリケーションとモバイルアプリケーション

Webアプリケーションでは、おもにHTTPやHTTPS、WebSocketを用いて配信を行いますが、これらの目的向けに「App Service」というWebホスティング向けPaaSがあります。

App Serviceは、ロードバランサー配下にWebサーバクラスターを水平分散配置し、各Webサーバのコンテンツ領域として、ファイル共有をマウントするWebサーバクラスターを提供するサービスです。

ファイル共有領域の容量が許す限り、複数のサイトをバーチャルホストでき、各サイトに任意のデプロイ方法を選択可能です。FTP、Dropbox、Git、

特集2

有名クラウドサービス大研究

GitHub、Visual Studio Team ServicesなどのSCM
やチーム開発ツールとの連携が可能です。

1つのサイトを本番、テスト、開発と分割し、
Blue Greenデプロイメント環境を即座に作れるス
ロット機能、オートスケール、バックアップなど
便利な機能が数多くそろっています。

● Azure Web Apps と Azure Web Apps for Linux

Azure Web Appsは、Windows ServerとIIS
(Internet Information Services)によるWebサー
バクラスターを構成し、サーバサイドのWebアプ
リケーションやREST APIを稼働できます。

Azure Web Apps for Linuxは、これらのWeb
サーバをLinuxとApacheを用いた構成に置き換え
たものです。

OSとWebサーバの組み合わせによります
が、.NETや.NET Core、Node.js、PHP、Java、
Python、Ruby、Golangなどが利用でき、たいてい
の言語フレームワークがそのまま動作します。

● Azure Web App for Containers

Azure Web AppsやAzure Web Apps for Linux
では、RuntimeやWebサーバは構成済みで提供さ
れていますが、たとえばApacheではなく、カス
タマイズしてWebサーバにNginxを使いたいとい
うこともあるでしょう。

Azure App Service for Containersは、あらか
じめカスタマイズしたDockerコンテナイメージを
展開し、App ServiceのWorkerとして動作させる
ことができます。

● Azure Mobile Apps

モバイルアプリケーション用のバックエンドを
サービスとして提供します。

クライアントSDKを利用するだけで、サーバを
意識することなく、各SNSへの認証と承認、プッ
シュ通知、データ同期機能と保存が可能です。

iOS、Android、Windows、Xamarin、Apache
CordovaにSDKが提供されています。

サーバサイドREST APIは、.NETとNode.jsで
自動構成され、必要に応じて自動生成コードをカ
スタマイズできます。

Azure SQL Database、Azure Table Storage、
Mongo DB、Azure Cosmos DBなどを使用でき、
開発モード時にはデータ保持のためのテーブル構
造やDBを自動構成します。

▌ サーバレス、イベント駆動によるサービス連携

● Azure Event Grid

複数ロジックへ同時配信するハブとなる役割を
行うサービスです。

Azureの各サービスやほかのサービスからイベ
ントを受け付けるエンドポイントを提供し、Azure
FunctionsやLogic Appsなど、目的のロジックへ
イベントをルーティングします。

● Azure Functions

Azure Functionsは、イベントに対応するロジッ
クのみを記述するFaaS(Function as a Service)
です。

ロジックは、ポータルからC#やF#、Node.js、
Java、PHP、Bash、PowerShellを使って記述でき
るほか、Visual StudioやVS Codeを使い、リモー
トデバッグによるステップ実行や変数確認なども
行うことができます。

HTTPのリクエスト、Azureサービスでのイベン
ト、タイマーのスケジュールを起点にイベントが
呼び出されます。

たとえば、Azure Blob Storageへ画像ファイル
を登録した際にイベントが発生し、目的のAzure
Functionsが呼び出されます。Azure Functionsに
は、画像ファイルのサムネイルを作成する処理を
記述し、サムネイルをAzure Blob Storageに保存
するといったしくみを構成できます。

● Azure Logic Apps

Azure Logic Appsは、クラウドサービス、Web
API、オンプレミスのサービス連携コネクタを接

続することでロジックを構成するサービスです。

ソースコードの記述なしに、ポータルからマウス操作によって手早くロジックを構成することができます。

Office 365 Outlookで着信したメールをAzure SQL Databaseに登録し、その後Slackで通知するなどの使い方や、LINE Messaging APIとCognitive Service QnA Makerを連携し、Q&A BOTを作成するといった使い方もあります。

データの永続化と保持

データの永続化を行うのが、データベースサービスやストレージサービスです。

Azureでは、目的に応じてさまざまなデータを永続化するためのサービスが提供されています。

Azure SQL Database

Azure SQL Databaseは、SQL Serverのエンジンを利用したフルマネージドのRDBMSです。

作成すると1台のプライマリ、2台のセカンダリ、1台のレプリカサーバを維持するサーバクラスターが自動構成されます。

稼働サーバの障害発生時には自動フェールオーバーと再設定が行われ、ユーザーの論理DBを常に維持します。

これら以外にもDBを扱ううえで便利な機能が含まれており、PITR機能による自動バックアップと日時を指定してのDB復旧、リージョン間レプリケーションとフェールオーバー機能、クエリの性能分析と自動インデックス適用機能、SQLインジェクションやアクセスパターンを検知しDB監査とアラートを行う機能など、論理データベースの操作のみに集中できるようにDB運用を支援します。

Azure Database for MySQL / PostgreSQL / MariaDB

Azure Database for MySQL、同 for PostgreSQL、同 for Maria DBは、Azure SQL Databaseと同様の自動フェールオーバー機能やサーバ構成を用いたアーキテクチャをオープンソースの定番DBに採用したものです。

現在はプレビュー中であり、今後はGAに向けてさまざまな機能や性能が追加されていく予定です。

Azure SQL Data Warehouse

Azure SQL Data Warehouseは、SQL Serverのエンジンを利用したフルマネージドのデータウェアハウスです。

超並列処理モデルとカラム型のデータ格納を行い、SQL Serverと同様の使い勝手で大量のデータ解析処理やBI処理を行います。

ストレージとコンピューティング部分が分離されており、保存領域の拡張のためにノード追加を行うことなく、処理が少ないときはデータを保持したまま、その場で停止・再開・縮退が可能です。

Polybaseを使うと、Azure Storage Blobへ保存したCSV、TSV、Hive RC、Hive ORC、Parquet形式のファイルに直接クエリし、必要なデータを抽出したあとに、インポートするなどもできます。

Azure Cosmos DB

Azure Cosmos DBは、リージョン分散が可能なグローバルデータベースサービスです。

リージョン分散を行ううえで、「Strong」「Bounded Staleness」「Session」「Consistent Prefix」「Eventual」の5つのオプションから整合性レベルを指定し、ほかのクライアントからの読み取りについてトレードオフすることができます。

マルチデータモデル、マルチAPIを採用しており、目的のデータ格納方法とアクセス方法によって使い分けます。

NoSQLモデルでは、Azure Document DB API、MongoDB互換API、Apache Cassandra互換APIが利用できます。

Key Value Storeモデルでは、Azure Table Storage APIが利用できます。

Graphデータモデルでは、Apache Tinker Pop

特集2

有名クラウドサービス大研究

（Gremlin）APIが利用できます。

Azure Redis Cache

Azure Redis Cacheは、Redis3.x系を用いて、3台のマスタサーバと3台のセカンダリサーバによるRedisクラスターを提供するサービスです。

キャッシュ、ランキング、PubSubなどのRedisが持つしくみをすぐに使い始めることができます。

非同期ではありますが、Azure Storageへの定期バックアップとリストアが可能で、キャッシュのウォームアップ時間を回避するしくみなどもあります。

Azure Storage

Azure Storageは、Log-Structured Merge Treeを用いた永続データ構造、Quorum（Paxos）によるファイルロック、Erasure CodingとLocal Reconstruction Codesを用いた冗長データ保持などを採用した分散オブジェクトストレージサービスです。

Azureの永続ストレージサービスとしては、サービス開始当時から存在する最も古いストレージサービスであり、Azureが提供するその他のサービスとも密接して利用されています。

オプションによってリージョンペア間レプリケーションを非同期で行うGRS、同一リージョン内のデータセンター間レプリケーションを非同期で行うZRSなどを選択することができます。

Azure Storageでは、目的別に「Blob」「Queue」「Table」「File」「Disk」「Archive」の機能が提供されています。

Blob（Block、Page、Append）

Blobは、画像、音声、動画、非構造化データ、構造化データ、仮想HDD、ログファイルなどのファイルに適しています。

Azure StorageはWebサーバのクラスターでもあることから、アクセス権限をPublicにすると、静的ファイルを大量に配信するWebサーバとしても利用できます。また、SAS（共有アクセス署名）によって時限型で一時アクセスを許可することができます。

アクセスはAzure SDKを使って開発時に利用するほか、ポータルからのアクセス、azcopyなどのCLIツールやAzure Storage ExplorerなどのGUIツールを用いることでWindows、Mac、Linuxから便利に利用できます。

Blobにはデータの特性に合わせて、シーケンシャルアクセスに適した「Block blob」、ログなどの追記型ファイルに適した「Append blob」、仮想HDDファイルなどのランダムアクセスに適した「Page blob」といった複数のアクセス方法が用意されています。

Queueと Table

Queueは、Azure StorageをFIFOのメッセージキューとして扱うようにしたもので、おもにSDKからPublisherとConsumerを開発します。

Visual StudioやAzure Storage Explorerから、Queueの最新状態を表示するなどの管理もできます。

Tableは、Azure Storageを分散NoSQLストアとして扱うようにしたもので、Queueと同様にSDKから読み書きを行います。

Visual StudioやAzure Storage Explorerから、Tableに対して管理もできます。

ODataプロトコルにより、テーブルに対して簡易的なクエリが可能なほか、Power BIやExcelのPower Queryでのクエリ操作とインポートなども可能です。

File

Fileは、Azure StorageのBlob領域をSMBプロトコル（CIFS）によって利用できるようにしたもので、Windows、Mac、Linuxからそれぞれマウントが可能です。

たとえば、Webサーバのコンテンツ共有領域やAzure仮想マシンを展開する際のconfig共有領域などに用いることができます。

Azure File Syncを使うことで、Azure Fileを中

継拠点として、クラウド、オンプレミスの場所を問わず、複数の拠点で各ファイルサーバの同期ができます。

Disk

ディスクストレージは、仮想HDDを前提としたストレージです。

クラスターベースストレージにSSDをベースにしたPremium Storageが提供されており、Azure仮想マシンの仮想HDDの配置領域として用います。

Managed Disk

従来のDiskストレージは、作成したストレージアカウントの性能上限を意識しながら仮想HDDを配置する必要があり、VMSSのように1台から1,000台までスケールアウトさせる際のディスク管理を複雑にしていました。

そこで、この手間を意識することなく、求められるIOPSやHDDスループットに合わせ、複数のストレージアカウントをコントロールするしくみがManaged Diskです。

加えて、仮想HDDイメージのスナップショットやエクスポートなどが可能になり、今後仮想マシンで利用するストレージはManaged Diskを利用することが推奨されています。

ネットワーク

Azure 仮想ネットワーク

Azureでは、仮想プライベートネットワークとしてAzure Virtual Networkを使って普段利用するLANと同様のプライベートネットワーク環境を構成します。

作成時にあらかじめ利用可能なネットワークの範囲を決め、範囲内からサブネットを定義することで分割します。

Network Security Group（NSG）によってサブネットもしくはネットワークインターフェースへの通信を許可・制限することができます。

レイヤ4ロードバランサーは、仮想ネットワークの標準機能として提供されており、負荷分散以外にも特定のポートを特定のインスタンスへ転送するよう設定することも可能です。

Azure Virtual Network Peering

同一Azureリージョンに存在するVNETどうしを相互にピアリング接続します。

別のAzureリージョンどうしのピアリングは現時点ではプレビューですが、今後は利用可能なリージョンが増えていくでしょう。

Azure ExpressRoute、Azure VPN Gateway

Azure ExpressRouteは、専用線をAzureのデータセンターへ乗り入れし、VNETと直結するサービスです。

回線キャリアとの契約によりますが、原則として2つのルータ、2つの回線をフェールオーバー、BGPによるルーティングで運用します。オプションにより、日本から接続し、Microsoftのバックボーンを通じて海外リージョンのVNETへ直接接続できます。

Azure VPN Gatewayは、IPSec接続かSSL VPN（SSTP）接続し、VNETにVPN接続するためのゲートウェイを構成します。

Azure Traffic Manager、Azure CDN、Azure DNS

Azure Traffic Managerは、クライアントから最も近いエンドポイントを選択するグローバル負荷分散サービスです。「フェールオーバー」「パフォーマンス」「地理」「加重ラウンドロビン」の4種類のトラフィックルーティング方式を選択できます。

Azure CDNは、AkamaiやVerizonが提供するCDNにコンテンツキャッシュを行い、クライアントへ配信を行うことができます。

Azure DNSは、各リージョンのDNSサーバでゾーン情報を同期し、名前解決に応答を返すDNSコンテンツサーバを提供するサービスです。

Azure Application Gateway、Azure API Management

Azure Application Gatewayは、HTTP／HTTPSを対象にしたL7リバースプロキシを展開します。URL書き換え、OWASPコアルールセットによる保護機能によって、WAF（Web Application Firewall）として動作できます。

Azure API Managementは、Web APIに特化したL7リバースプロキシです。Azureやオンプレミス、その他のクラウドで開発されたAPIを1つのエンドポイントに統合し、認証とAPIへの流量制限管理、パス管理、APIバージョン管理、APIテストとAPIドキュメント管理サイトなどの機能を提供します。

特定の目的を対象としたもの

Azureには、ある特定の目的をサービスとして提供する各種SaaSが用意されています。あらかじめ用意されたサービスを活用することで、さらなる構築工数や運用の低減が可能になります。

何か新しいことを始める際には、ぜひ一度検討してください。

Azure Media Services

Azure Media Servicesは動画資産の管理から、アップロード、エンコード、トランスコードを行い、各種デバイスへのオンデマンド再生やストリーミングなどを提供するサービスです。

また、配信するデバイスや回線帯域に合わせて配信解像度を可変するAdaptive StreamingやMPEG-DASH、HLS、HDS、Adaptive Streaming、4Kビデオなどにも対応し、Content Protectionによって、マルチDRM（PlayReady、Widevine、FairPlay Streaming）を使ったDRM管理が可能です。

Azure Media Playerを使うと、プレーヤの再生ライセンスやソフトウェアの準備をしなくても利用ができます。

Azure HD Insight

Azure HD Insightは、Hadoopなどのビッグデータ環境をマネージドで展開・運用するサービスです。

クラスターを手作業で展開・構築する手間が省け、すぐに使い始めることができます。また、扱うデータのコンプライアンス監査やセキュリティ基準への対応や暗号化なども考えられています。

現在は、HadoopやSpark、Hive、LLAP、Kafka、Storm、Rなどに最適化されたクラスターを展開できます。

Azure IoT Hub

Azure IoT Hubは、IoTデバイスから送信されるメッセージを一時蓄積バッファリングし、後続のストリームデータ処理サービスにオフローディングするハブとして動作し、MQTT、AMQP、HTTPなどの主要プロトコルに対応します。

デバイスの登録、デバイス状態、認証管理、ファームウェアアップデートを行う機能なども実装することが可能です。

Azure Cognitive ServicesとAzure Custom Cognitive Service

Azure Cognitive Servicesは、Microsoftで蓄積したデータをもとに機械学習モデルの結果をサービスとして提供しています。映像、画像、音声、自然言語処理、ナレッジベース、検索などの分野に分かれており、REST APIを通じて利用ができます。

Custom Vision、Custom Speech、Custome Decision Serviceなどもサービスされており、差分としてカスタマイズされたモデルを構成することも可能です。

Azure Application Insights

Application Insightsは、現在アプリに起きていることを判断するための継続的モニタリング、可視化のサービスです。

Java、Ruby、Python、PHP、Node.js、.NET、JavaScriptから利用できます。

第3章
Web AppとコンテナによるWebサーバ環境の構築
Microsoft Azure

アプリケーションにSDKを導入するだけでも、クライアントへの応答レイテンシ、DBへのクエリ、機械学習による統計状態から急変したURLの検知、例外が発生した個所と回数のランキングなど、分析情報を常時判断できます。

なお、デスクトップ、スマートフォン向けのアプリの例外や不正終了を収集には、App CenterのHockeyAppを使うことが推奨されています。

Azure DevTest Labs

最近では、クラウドに開発環境を用意し、リモートから開発することも増えてきました。Azure DevTest Labsは、開発環境の起動ベースイメージ管理、ユーザーごとの台数制限、起動可能インスタンスの制限、自動シャットダウンと自動起動のポリシー管理を行います。

Windows、Linuxやサードパーティ製品のプリインストールイメージも提供されており、これらを追加カスタマイズして各開発者に配布することもできます。

Azure AD、Azure AD B2C

Azure AD（Azure Active Directory）は、クラウドや一部OSからも利用できる企業向けシングルサインオン管理基盤です。

Office 365、Google Apps、Adobe Creative Cloud、BOX、Salesforceなど多くのアプリが対応しており、オンプレミスのActive Directoryと透過的に連携できるしくみも備えています。

ユーザー、グループ、アプリの組み合わせで管理をすることが可能で、多要素認証や地域の違うログインや監査なども行うことができます。

アプリに組み込んでクラウドで公開することによって、どの場所からもアクセスできる業務アプリを用意できます。

Azure AD B2Cでは、B2C向けアプリに組み込むことで各SNSのアカウントからのシングルサインオンとユーザー管理を任せ、アプリでユーザー管理を行う工数が削減できます。

まとめ

ここまではAzureの一部の製品を紹介してきましたが、これら以外にもAzureでは豊富なサービスが提供されています。何かを始める際には、目的を達成する同じような機能が提供されていないか探してみてください。

ここからは、.NET Coreで作成したプロジェクトをAzure Web AppsとContainer InstancesのAzureのサービスにデプロイする過程を紹介します。

Azure Web AppsとAzure Container Instancesを使ったWebアプリ開発

.NET Coreは、Microsoft、Google、Red Hat、Samsung Electronics、Unity、JetBrainsなどが主要メンバーである「.NET Foundation」で開発が進められているオープンソースの開発言語環境です。

以下の手順で進めていきましょう。

- .NET Core開発環境の準備
- ASP .NET Core 2.0のプロジェクト作成
- Web Appsの作成とGitによるデプロイ

この作成済みのプロジェクトにDockerfileを追加し、Dockerイメージをビルド後、Azure Container Instancesにデプロイします。

- Docker Imageのビルド
- Azure Container Registryでプライベートリポジトリを作成し、Docker ImageをPush
- PushされたDocker ImageをAzure Container Instancesにデプロイ

今回のチュートリアルを進めるうえでは、目安として以下の費用が必要になります。初めての方は無料アカウントを作成すると無料で試用できます。

73

特集2

有名クラウドサービス大研究

- Azure Web Apps 無料プラン
- Azure Container Instances は、作成したインスタンス当たり0.28円、メモリは1Gバイト当たり0.0014円、コアは1コア当たり0.0014円。1Gバイトと1コアなので、5分間（300秒）稼働させた場合は0.28＋0.0014×300＋0.0014×300＝1.12円
- Azure Container Registry は、1日当たり1イメージ格納が18.66円

Azureに関しての料金計算は、料金計算ツール[注2]からある程度計算することができますので、参考にしてください。

● 開発環境と事前準備

今回は、Ubuntu Linux 16.04 LTSを前提に解説を進めますが、Linux、Mac、Windowsでも同様のことが可能です。

エディタも好みものでかまいませんが、VS CodeにAzure Extension PackとDocker Extensionがあれば、Azureの管理やDocker Imageのビルドや管理、Dockerリポジトリの管理、デプロイメントなどを支援してくれるので便利です。

● Azure CLI 環境を用意

Azure CLI 2.0は、Windows、Mac、Linuxで動作する、クロスプラットフォームなAzure管理用CLIクライアントです。yumやzipperや導入済みのDockerイメージなどもあります。

詳しくは、ドキュメント[注3]を確認して各プラットフォーム向けにインストールしてください。

Azureポータルにログインすれば、上部のアイコンからAzure Cloud Shellを開いて、その場で使えます。

CLI以外にも一通りのコマンドはそろっていますので、筆者はブラウザで動作するsshクライアントの代わりとしても使っています。

Azure CLIからのログイン

Azure CLIを使い始めるにあたって、azコマンドから az login でログインを行う必要があります（リスト1）。

2段階認証などのMFAを有効にしている場合は、適当なブラウザでアクセス[注4]して承認作業を行う必要があります。

操作するサブスクリプションの選択

Azureは、1人のユーザーに対して複数のサブスクリプション（Azureの契約単位）を切り替えながら作業を進めます。

たとえば、フリーランスエンジニアAさんから見たAzureポータルは、自分の個人契約、顧客A（管理権限を委譲）、顧客B（一部のみ表示）、顧客C（チェックのため読み取り専用）の4つの契約があるという具合です（リスト2）。

このように、ログインユーザーが複数のAzureサブスクリプションを利用している場合は、操作するサブスクリプションを切り替えて作業を行います。

オプションやコマンドの補完とヘルプ

CLIはTabキーによるコマンドやオプション一覧の表示に対応しています。

「az」とコマンドを入力しTabキーを押すと、そのあとに入力できるオプションやコマンドが表示されます（リスト3）。

◆ リスト1　Azure CLIからのログイン

```
$ az login
To sign in, use a web browser to open the page https://aka.ms/devicelogin and enter the code ブラウザ ⊅
を開いて入力するコード to authenticate.
```

注2）https://azure.microsoft.com/ja-jp/pricing/calculator/
注3）https://docs.microsoft.com/ja-jp/cli/azure/install-azure-cli?view=azure-cli-latest
注4）https://aka.ms/devicelogin

第3章
Web Appとコンテナによる Webサーバ環境の構築
Microsoft Azure

◆リスト2　操作するサブスクリプションの表示と選択

```
$ az account list --output table
Name         CloudName    SubscriptionId                          State     IsDefault
-----------  -----------  --------------------------------------  --------  ---------
CustomerA    AzureCloud   1XX3XX0X-8XX8-4XX8-9XX3-XXcXXcXX4XXf    Enabled   True
MyPrivate    AzureCloud   X5XX2XeX-2XfX-XX3e-XX04-XX9XXbXX9XX6    Enabled

$ az account set --subscription "MyPrivate"
```

◆リスト3　AZコマンドのコマンド補完の様子

```
$ az<TAB>
account          batchai           --debug           functionapp       lab              ⤵
--output         sf
...
```

◆リスト4　.NET Core 2.0のSDK追加

```
$ sudo sh -c 'echo "deb [arch=amd64] https://packages.microsoft.com/repos/microsoft-ubuntu-xenial- ⤵
prod xenial main" > /etc/apt/sources.list.d/dotnetdev.list'
$ sudo apt-get update
$ sudo apt install dotnet-sdk-2.0.0
```

◆リスト5　最新版のDocker環境の追加

```
$ sudo apt-get -y install apt-transport-https ca-certificates curl software-properties-common
$ curl -fsSL https://download.docker.com/linux/ubuntu/gpg | sudo apt-key add -
$ sudo add-apt-repository "deb [arch=amd64] https://download.docker.com/linux/ubuntu $(lsb_release ⤵
-cs) stable"
$ sudo apt-get update
$ sudo apt-get -y install docker-ce
```

◆リスト6　dockerグループにユーザーを追加

```
$ sudo adduser ユーザー名 docker
```

.NET Core 2.0 をインストール

.NET Core 2.0を各環境にインストールします。
詳しくは、ドキュメント注5を確認して各プラットフォーム向けにインストールしてください。
Ubuntuの場合はaptのsources.listに追加し、パッケージリストを更新後にインストールします（リスト4）。

最新版の Docker をインストール

今回はマルチステージビルドを行いますので、最新版のDockerが必要です。Windows、Mac、Linux各プラットフォーム向けのDockerを導入してください。

Ubuntuの場合はaptのsources.listに追加し、パッケージリストを更新後にインストールします（リスト5）。

インストールが終わったら、開発ユーザーをdockerグループに追加しておきましょう（リスト6）。

ASP.NET Core 2.0 の プロジェクトを作成して実行

インストールができたら、コンソールから`dotnet new`コマンドでプロジェクトを作成し、さっそく実行してみましょう（リスト7）。

停止する場合は、Ctrl＋Cキーを押します。

プロジェクトには、軽量Webサーバである「Kestrel」注6があらかじめ含まれていますので、そ

注5）https://docs.microsoft.com/ja-jp/dotnet/core/get-started
注6）https://github.com/aspnet/KestrelHttpServer

特集2 有名クラウドサービス大研究

の場で起動することができます。

● リソースグループを作成

　リソースグループは、Azureのリソースをまとめる論理的グループです。リソースグループ単位で一括して、削除やアクセス制限、管理権限移譲、タグや課金の把握などを行えます。グルーピングは任意でありさまざまですが、たとえばサイトAに関するWeb AppsとAzure SQL Databaseのリソースをまとめることができます。

　ポータルでのGUI操作は左上の［＋リソースの作成］から各リソースをクリックするか、名称を直接検索し、各リソースの作成を繰り返し行うことができます。

◆リスト7　ASP .NET Core 2.0プロジェクトの作成

```
$ dotnet new mvc -o src/mydockerapp
$ cd src/mydockerapp/
$ dotnet run
Hosting environment: Production
Content root path: /home/deploy/src/mydockerapp
Now listening on: http://localhost:5000
Application started. Press Ctrl+C to shut down.
```

◆図4　Azureのポータルとリソースの作成メニュー

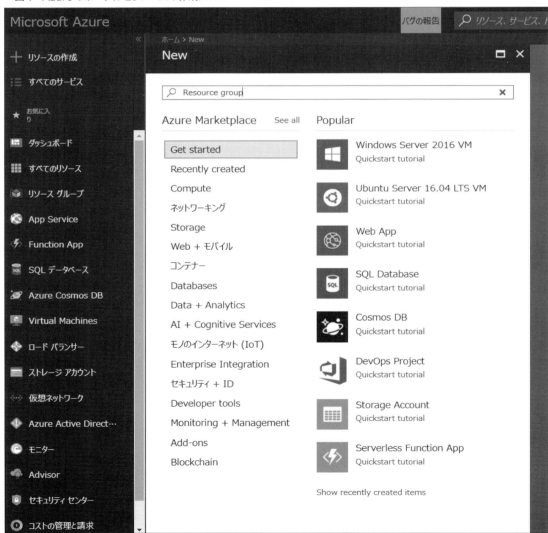

見失ったら、左のメニューの［リソースグループ］から作成済みのリソースグループをたどることができます（図4）。

CLIでは、リスト8のように作成できます。

● Webappの作成とGitを使ったデプロイ

今回は「myWebApps」という名称のリソースグループを用意して、その中にAzure App Service Webappのリソースを作成しました（リスト9）。

以下は、CLIでの作成の様子です。

Webappのリポジトリにアクセスするための IDとパスワードの用意

App Serviceは、Git、Git Hub、FTP、Dropboxなど、さまざまなデプロイメント方法を持っています。

初めてAzureで作成してGitでデプロイするのであれば、デプロイ用のクレデンシャル（IDとパスワード）の設定が必要になります（リスト10）。

デプロイ用のリポジトリURLを取得

WebappのGitリポジトリのURLを取得しましょう。

このGitリポジトリにPushするとWebappはリポジトリの更新を検知し、自動で展開を行います（リスト11）。

作成したプロジェクトをgitリポジトリにして、AzureへPush

作成したプロジェクトに移動し、`git add`でファイルの追加、`git commit`でローカルリポジトリへコミットします。

その後、`git remote add`でremoteリポジトリURLを追加し、Pushしてデプロイしましょう（リスト12）。

◆リスト8　リソースグループの作成

```
$ az group create --location japaneast --name yourResourceGroup
```

◆リスト9　Webappの作成

```
$ az group create --location japaneast --name myWebApps
$ az appservice plan create --name Webapp名 --resource-group myWebApps --sku FREE
$ az webapp create --name Webapp名 --resource-group myWebApps --plan MyPlan
```

◆リスト10　デプロイ用のユーザー名とパスワードの設定

```
$ az webapp deployment user set --user-name GloballyUniqueUsername --password yourpassword
```

◆リスト11　デプロイ用GitリポジトリURLの取得

```
$ az webapp deployment source config-local-git --name Webapp名  --resource-group myWebApp --query 
url --output tsv
https://デプロイユーザー名@Webapp名.scm.azurewebsites.net:443/Webapp名.git
```

◆リスト12　ローカルリポジトリの作成、リモートリポジトリの追加とプッシュ

```
$ git add .
$ git commit
76 files changed, 42146 insertions(+)
create mode 100644 .dockerignore
create mode 100644 Controllers/HomeController.cs
...
$ git remote add azure https://デプロイユーザー名@Webapp名.scm.azurewebsites.net:443/Webapp名.git
$ git push azure master
Password for 'https://デプロイユーザー名@Webapp名.azurewebsites.net':
Counting objects: 102, done.
```

特集2

有名クラウドサービス大研究

サイトの確認

プロジェクトのデプロイが終わったら、リスト13のコマンドでURLを取得し、適当なブラウザでサイトを表示してみましょう。

● Azure Container Instances の 作成とDockerでのデプロイ

次に、今まで作成してきたプロジェクトでDockerイメージをビルドし、Container Instancesへデプロイします。

Dockerfileの準備とビルド

プロジェクトのルートフォルダへ移動し、適当なエディタを使って、Dockerfileを用意します（リスト14）。

Dockerイメージのビルドとイメージの確認

Dockerイメージをビルドしましょう。

ビルドを開始すると、microsoft/aspnetcore-buildとmicrosoft/aspnetcoreの2つの依存するイメージを自動ダウンロードして、イメージのビルドを行います。

初回はイメージをダウンロードするため多少時間がかかります（リスト15）。

イメージが作成できたら、さっそく起動してブラウザでhttp://localhost:80/にアクセスして確認しましょう（リスト16）。

Azure Container Registryリソースの作成

ここで作成したイメージは、今回のチュートリアル用です。これをDocker Hubなどの公開リポジトリで管理してもよいのですが、今後、企業利用の場合などにプライベートリポジトリが必要に

◆リスト13　WebappのサイトURLを取得

```
$ az webapp show --name Webapp名  --resource-group myWebApp --query hostNames --output tsv
Webapp名.azurewebsites.net
```

◆リスト14　プロジェクトにDockerfileを追加

```
$ cd src/mydockerapp/
$ vi Dockerfile
FROM microsoft/aspnetcore-build:2.0.0 AS build
WORKDIR /code
COPY . .
RUN dotnet restore
RUN dotnet publish --output /output --configuration Release
FROM microsoft/aspnetcore:2.0.0
COPY --from=build /output /app
WORKDIR /app
ENTRYPOINT [ "dotnet", "mydockerapp.dll" ]
```

◆リスト15　Dockerイメージのビルド

```
$ docker build -t localhost/mydockerapp .
....イメージのビルドステップが実行される

$ docker images
REPOSITORY                     TAG              IMAGE ID          CREATED           SIZE
localhost/mydockerapp          latest           82abae9c67f5      53 seconds ago    283MB
...
```

◆リスト16　ローカル環境でイメージの動作確認

```
$ docker run -ti -p 80:80 localhost/mydockerapp
...
Now listening on: http://[::]:80
Application started. Press Ctrl+C to shut down.
```

第3章
Web AppとコンテナによるWebサーバ環境の構築
Microsoft Azure

なるケースもあります。

そこで、今回はAzure Container Registryを使ってプライベートリポジトリを用意し、そこからContainer Instancesへデプロイします。

リスト17のコマンドでは、リソースグループを作成し、その中にAzure Container Registryを作成しています。

Azure Container Registryへの発行

ログインサーバ名を取得します（リスト18）。

各コンテナイメージは、スラッシュ（/）で名前空間を区切り、タグを付けて管理を行っています。Azure Container Instancesは、このタグを識別してデプロイするコンテナイメージを認識しています。

作成したDockerイメージに、Azure Container Registryの「URL/コンテナイメージ名:バージョンのタグ」を付与しましょう（リスト19）。

その後、**docker push**コマンドを使ってAzure Container RegistryへPushします（リスト20）。

Azure Container Registryのコンテナイメージを確認します（リスト21）。

Azure Container Instancesでの実行

Azure Container Registryに用意したDockerイメージをAzure Container Instancesでホストしましょう。

まずは、Azure Container Instancesからレジストリへアクセスを行うためのパスワードを確認します（リスト22）。

次に、Azure Container Instancesを作成しましょう。今回はContainer Registryのイメージとタグを指定しています（リスト23）。

◆リスト17　Azure Container Registryを作成

```
$ az group create --name myContainerGroup --location japaneast
$ az acr create --resource-group myContainerGroup --name RegistryUsername --sku Basic
$ az acr login --name RegistryUsername
```

◆リスト18　Azure Container RegistryのURLを取得

```
$ az acr show --name RegistryUsername --query loginServer
"registryusername.azurecr.io"
```

◆リスト19　作成したイメージにタグを追加

```
$ docker tag localhost/mydockerapp registryusername.azurecr.io/mydockerapp:1.0.0
$ docker images
REPOSITORY                            TAG            IMAGE ID         CREATED           SIZE
registryusername.azurecr.io/mydockerapp   1.0.0       82abae9c67f5     25 hours ago  ７
     283MB
localhost/mydockerapp                 latest         82abae9c67f5     25 hours ago      283MB
...
```

◆リスト20　Dockerイメージのpush

```
$ docker push registryusername.azurecr.io/mydockerapp:1.0.0
The push refers to a repository [registryusername.azurecr.io/mydockerapp]
3b1382ebf615: Pushed
9d6f304f6253: Pushing [================>                                 ]  20.23MB/60.91MB
...
```

◆リスト21　イメージがリポジトリに登録されているかを確認

```
$ az acr repository list --name RegistryUsername --output table
Result
------------
mydockerapp
```

特集2

有名クラウドサービス大研究

◆リスト22　レジストリのユーザーとパスワードの確認

```
$ az acr show --name RegistryUsername --query loginServer
$ az acr update -n RegistryUsername --admin-enabled true
$ az acr credential show --name RegistryUsername --query "passwords[0].value"
"レジストリパスワード"
```

◆リスト23　Azure Container Instanceを使ったイメージ起動

```
$ az container create --name aci-tutorial-app --image registryusername.azurecr.io/mydockerapp:1.0.0 ⏎
--cpu 1 --memory 1 --regist-password レジストリパスワード --ip-address public --ports 80 -g ⏎
myContainerGroup --location westus
{
"containers": [
    {
    "command": null,
    "environmentVariables": [],
    "image": "registryusername.azurecr.io/mydockerapp:1.0.0",
    ...
```

◆リスト24　作成されたAzure Container InstanceのIPアドレスを取得

```
$ az container show --name aci-tutorial-app --resource-group myContainerGroup --query ipAddress.ip
"Azure Container InstanceがホストされたIPアドレス"
```

Azure Container Instancesでの実行確認

イメージの展開を終えると、Azure Container Instancesで実行中のIPアドレスが表示されます。

リスト24のコマンドでIPアドレスを表示し、適当なブラウザから確認しましょう。

● まとめ

Azureでは、年間数百を超える機能アップデートやトレンドに合わせた最新サービスの開発、提供が行われており、1年経つと1つのサービスの様子が様変わりしていることも多々あります。

また、国内では需要の高まりもあって、Azureを使いこなす技術者を求める企業も着実に増えてきており、2018年からはAzure向けのマイクロソフト認定プロフェッショナル（MCP）認定試験も拡充されています。

仮想マシン、Web向けPaaS開発以外にも、Linux on Azureの試験、HDInsightを使ったHadoopやSpark、Stormなどの試験、Azure Machine Learningの試験なども提供が開始されています。

ぜひ、この機会にAzureに興味を持ち、資格試験などにもチャレンジしてみてください。

特集 3

事例を知れば百戦危うからず！
クラウド構築＆運用の極意

　特集3では、さまざまなクラウド利用の事例とノウハウを紹介していきます。クラウドならではの設計の考え方から、大注目のIoTにおけるクラウド活用、クラウドへの全面的なシステム移行の実例、モダンなSPAをサーバレスアーキテクチャで実現した実例、そして受託開発におけるクラウド活用のポイントまで、構築＆運用に役立つ知識が満載です！

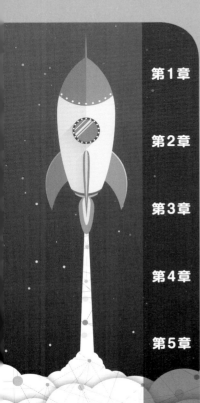

第1章 高度な非機能要件をクラウドで実現！
クラウド時代のインフラ設計術
菊池 修治

第2章 大量のデバイスからのデータをいかにさばくか？
クラウドで構築するIoTサービス
松井 基勝

第3章 東急ハンズの挑戦から学ぶシステムのクラウド移行
「すべてをクラウドで」実現の軌跡
田部井 一成、吉田 裕貴

第4章 API Gateway／Lambda／DynamoDBを大活用
サーバレスで構築するSPA＆バックエンド
石川 修

第5章 クラウド化の受託がシステムインテグレータには辛い理由
エンタープライズにおけるクラウド利用
竹林 信哉

第1章

クラウド時代のインフラ設計術
高度な非機能要件をクラウドで実現！

菊池 修治
Shuji Kikuchi

スタートアップやWebサービスから利用が広まったパブリッククラウドは、今や大企業の基幹システムでも活用が進んでいます。Amazon Web Services、Google Cloud Platform、Microsoft Azureといったパブリッククラウドでシステムを設計・構築・運用していくうえでの勘所を説明します。

はじめに

　Amazon Web Services（AWS）を始めとするパブリッククラウドでは、仮想サーバ、データベース、ストレージ、ソフトウェアといったリソースを、自社でハードウェアや設備を購入、準備することなく、インターネットを経由しサービスとしてオンデマンドで利用することができます。

　クラウドサービスを利用することで、オンプレミスでシステムインフラを構築することに比べ、以下のようなメリットがあります。

- 調達にかかる時間の短縮
- 需要に応じたリソースの利用
- 利用した分だけの従量課金
- 固定費から変動費への転換

　そのようなクラウドのメリットを享受するためには、クラウドサービスの特性を理解し、活かすための設計が必要です。オンプレミスと同じ設計・構成のままで、単にシステムをクラウドに持ち込むだけでは、クラウドサービスの魅力は半減してしまいます。

　本章では、パブリッククラウドでシステムインフラを上手に設計・構築し、そのメリットを100％引き出すためのポイントを以下の4つの観点から解説していきます。

- クラウドのセキュリティ
- 可用性と拡張性の確保
- クラウドを活用したバックアップとディザスタリカバリ
- 継続的な環境の最適化

　本稿では、具体例としてAWSのサービスを中心に紹介しますが、Google Cloud Platform（GCP）、Microsoft Azure（Azure）といったほかのパブリッククラウドでも基本的な考え方は同様です。

クラウドサービスを安全に利用する

　パブリッククラウドでは、インターネットを経由してサービスを利用します。そのため、セキュリティの確保が非常に重要です。

　これまでオンプレミスでシステムを構築・運用してきた企業では、セキュリティへの不安から、機密情報を扱うシステムをAWSのようなパブリッククラウドで利用することを敬遠する声もあります。しかし、各クラウドサービスではセキュリティの確保を最も優先される事項として取り組んでおり、サービス基盤のセキュリティを高めるとともに、ユーザが安心・安全に利用するための数多くのしくみを提供しています。提供されるサービスをうまく使うことで、オンプレミス環境以上のセキュリティを安価に実現することが可能です。

第1章

高度な非機能要件をクラウドで実現!
クラウド時代のインフラ設計術

クラウドセキュリティの管理責任

　パブリッククラウドサービスでは、サービスを提供する側とユーザ側での責任範囲を明確に定義しています。クラウドサービスは、サービスのセキュリティを確保し維持管理します。一方で、クラウドサービス上のデータを所有し、管理するのはユーザ側の責任になります。

　たとえば、AWSではセキュリティに対する基本的な考え方として、サービスを提供するAWSと、サービスを利用するユーザで相互に責任範囲を定める、**責任共有モデル**があります。

　責任共有モデルでは、AWSは提供するすべてのサービスを実行するインフラストラクチャの保護に責任を負います。一方で、ユーザは提供されるサービス上での適切な利用に対する責任を負います。

　具体的な責任範囲は個々のサービスによって異なります。たとえば、最もよく利用されるサービスの1つである、Amazon EC2の場合には以下のようになります。

AWSの責任：
- 設備
- ハードウェアの物理的セキュリティ
- ネットワークインフラストラクチャ
- 仮想化インフラストラクチャ

ユーザの責任：
- Amazonマシンイメージ（AMI）
- オペレーティングシステム
- アプリケーション
- ネットワーク設定
- セキュリティグループ
- 送信中のデータ
- 保管中のデータ
- データストア
- 認証情報
- ポリシーと設定

アカウント管理

　データセンターの物理的セキュリティ、ネットワーク、論理的セキュリティといったインフラストラクチャの管理はAWSの責任において確保され、数多くの第三者の認証を取得[注1]しています。

　一方で、ユーザはサービスの利用権限を始め、ゲストOSのセキュリティパッチの適用やファイアウォールの設定といった、そのインフラ上で動作するシステムを適切に管理、運用する必要があります。各クラウドサービスでは、ユーザが利用する各種サービスで適切なセキュリティを確保するためのサービスや機能を数多く提供しています。

アカウントの管理

　パブリッククラウドでは、一般にWebブラウザのコンソールやAPIを経由してサービスを設定・利用します。そのため、その操作権限を持つアカウント管理には細心の注意をはらう必要があります。アカウントの認証情報が漏えいすることは、オンプレミスにおけるデータセンターへの出入りが自由にできる鍵が漏えいすることに相当します。

　各パブリッククラウドでは、最初に作成するアカウント（ルートアカウント）のほかに、組織に合わせて必要なユーザ／ロールを作成し、権限を付与する機能が提供されています。

　AWSではメールアドレスとパスワードを使って最初のアカウント（ルートアカウント）を作成します。このアカウントは、すべてのサービスに対するアクセス権限を持つ強力なものです。悪用されるとすべての環境の破壊やアカウントの解約も可能であるため、通常は使用しないことが推奨されています。

　AWSでは、ID管理サービスであるIdentity and Access Management（IAM）によりユーザ／グループを作成して必要な権限を割り当てることができます。GCPのCloud Identity and Access Management（IAM）、AzureのRoles Based Access Control

---

注1） https://aws.amazon.com/jp/compliance/pci-data-privacy-protection-hipaa-soc-fedramp-faqs/

83

特集3

クラウド構築&運用の極意

（RBAC）でも同等の機能が提供されています。通常の利用時にはルートアカウントを使用せず、必要十分な権限を持つユーザを利用するようにしましょう。

管理コンソールへのログインにも注意が必要です。AWS環境の操作を行うWebコンソールである「AWSマネジメントコンソール」へのログインには、多要素認証（Multi Factor Authentication：MFA）の設定、パスワードポリシー（期限、文字数など）を強制することができます。運用ポリシーに従い適切に設定しましょう。

また、Webブラウザのほかに、プログラムから公開されたAPIを経由してサービスの操作を実施することもあります。この場合には、認証情報としてユーザごとに発行したアクセスキー（トークン）を利用するのが一般的です。

このアクセスキーの管理にも注意が必要です。とくに、プログラムのソースコードにアクセスキーが混入したままGitHubなどで公開し、漏えいしてしまう事故が多発しています。アクセスキーは厳重に管理するとともに、定期的にローテーションを行うことで安全を確保しましょう。

AWSの場合には、IAMユーザに発行するアクセスキーのほかに、AWSサービス上で利用可能な「IAMロール」というしくみも提供されています。IAMロールを使うことで、アクセスキーを発行せず、一時認証情報を利用した安全な認証が可能になります。まずはIAMロールが利用できないかを検討するのがよいでしょう。

クラウドサービスのアカウントに対する操作履歴（ログ）を残しておくことも重要です。不正をいち早く検知することや、不正な操作が疑われる場合に、誰（どのユーザ）がどこ（どのIPアドレス）から、どのような操作をしたか記録しておくことで、調査やアラーム通知が可能になります。

AWSでもアカウントに対して、操作の履歴や監査証跡を残す機能が提供されています。「AWS CloudTrail」というサービスでは、AWSのAPIに対するアクションのログを証跡として保存します。

また、「AWS Config」というサービスでは、AWSリソースの設定変更をFrom／Toの形式で参照することが可能です。疑わしい操作が行われた場合には、設定した条件で管理者に通知したり、操作履歴を追跡したりできます。

● システムのセキュリティ

クラウドサービスでは、システムのセキュリティを強固に維持・管理するための機能やしくみを数多く提供しています。これらを適切に利用していくことがユーザ側に求められます。AWSの場合でも責任共有モデルに従い、クラウド環境に構築するシステムのセキュリティ確保はユーザの責任となります。

システムのセキュリティを確保するための基本的な考え方は、オンプレミスの場合と変わりません。重要なのは、通信、OSやミドルウェア、アプリケーション、ストレージといった**すべてのレイヤでセキュリティを確保する**ということです。

システム構成上、ポイントになる点を説明します。

仮想マシンイメージの選択

まずは、仮想マシンイメージです。出自が不明なイメージや、脆弱性のあるイメージを利用することは危険です。

Amazon EC2では、起動時に利用するイメージ（Amazon Machine Image：AMI）を選択します。AMIは、ユーザが作成し公開することも可能です。提供元を確認し、信頼できるAMIを利用するようにしましょう。

必要な通信のみを許可

仮想マシンに対しては、ファイアウォール機能を使った通信制御を設定します。AWSではSecurity Group、AzureではNetwork Security Group、GCPではファイアウォール機能により通信制限が可能です。

オンプレミスでは、インターネットやDMZといったネットワークの境界ごとにファイアウォールを設けるのが一般的ですが、これらのファイア

ウォール機能ではインスタンスごとに設定できます。サーバの役割や環境に応じた必要最小限のポート、送信先／送信元に対してのみ通信許可を与えるようにしましょう。

最新のパッチを適用

OSやミドルウェアに対しては、最新のセキュリティパッチを適用しましょう。プラットフォームの脆弱性の診断・管理ツールを利用した定期的なチェックを行うことも有効です。

AWSでは、「Amazon Inspector」というサービスを使うことで、プラットフォームの脆弱性診断が可能です。

侵入テスト

アプリケーションを含めた脆弱性の診断には、外部からの侵入テスト（ペネトレーションテスト）が効果的です。侵入テスト実施に際しては、悪意を持った攻撃だと判断されないように、各クラウドプラットフォームの利用既定に従って実施する必要があります。

AWSでは侵入テスト[注2]を実施する場合に、あらかじめ実施内容の申請を行い、許可を受ける必要があります。

マネージドサービスの利用

仮想マシンに自身でミドルウェア・アプリケーションを構築するのではなく、マネージドサービスを利用することも効果的です。

たとえば、AWSの場合にはリレーショナルデータベースのマネージドサービスである「Amazon Relational Database Service (RDS)」を利用することで、OSやDBソフトウェアに対するパッチ適用などはAWSによって管理されます。

複数サーバにリクエストを振り分けるロードバランサには、「Elastic Load Balancing (ELB)」を用いることでセキュリティ上のメリットがあります（図1）。

- SYNフラッドなどの低レイヤなDDoS攻撃に対する保護
- SSL/TLSの処理をオフロードすることでOpenSSLなどミドルウェアの脆弱性管理が不要
- 低価格なWebアプリケーションファイアウォールサービス「AWS WAF」の利用が可能

また、DNSやメールサーバといった公開サーバもパブリッククラウドで提供されているサービスを利用することで、自身でサーバを構築・運用するのと比べてセキュリティリスクを最小限にすることが可能です。サービスで提供される機能は積極的に活用しましょう。

データの暗号化

システムで保持するあらゆるデータに対して、そのデータの種別に応じた適切な保護を検討しま

◆図1　ELBを使った構成

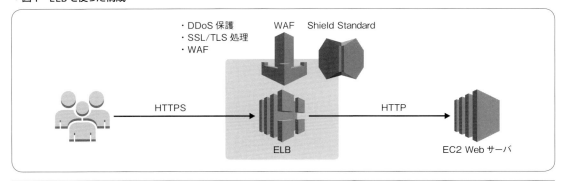

注2）https://aws.amazon.com/jp/security/penetration-testing/

しょう。

AWSではデータベース、ストレージといった数多くのデータストアがサービスとして存在しますが、その多くでサーバサイド暗号化に対応しています。サーバサイド暗号化では暗号化・復号の処理がサービス上で透過的に実行されるので、処理性能のペナルティなしに利用できます。「AWS Key Management Service（KMS）」という鍵管理サービスを利用することで、暗号化に利用する鍵の安全な保管やローテーション、権限管理を実現できます。

可用性と拡張性

システムを長期的に運用していくうえで必要となるのが可用性と拡張性です。クラウド環境では、サーバリソースを必要に応じて柔軟に確保し、利用することが可能です。しかし、上手に設計しなければ、可用性・拡張性の観点でオンプレミスで構築したものと変わらないか、それよりも劣ることにもなります。とくにクラウドサービスでは「サービス」という特性上、ユーザ側では対処できない領域も存在します。

高い可用性を確保し、堅牢なシステムを構成するとともに、クラウドの特性を活用した柔軟に拡張できるシステムを構成するうえで必要な設計のポイントを紹介します。

● Design For Failure

クラウドでシステムを設計するうえでよくある間違いは、「クラウドではハードウェア障害は発生しない」などと思ってしまうことです。もちろん、クラウドサービスが提供するサービスのインフラは内部で冗長化され、サービスとしての信頼性を高めるように設計されているでしょう。しかし、AWSではシステムを構成するすべての構成要素に対し、障害が発生し得る前提で設計することが推奨されています。

それが、Design For Failureという設計の考え方です。たとえば、単体のEC2インスタンスは何らかの要因により「突然停止するかもしれない」という前提です。さらには、大規模な災害があればデータセンターレベルでの停止もあり得ます。これらを考慮し、あらゆるシステムコンポーネントで障害が起きてもシステムが稼働し続けられるアーキテクチャを推奨しています。

サーバが停止してシステム障害に陥ってしまうことを回避するため、より信頼性が高く、落ちにくいサーバを求めてしまいがちです。しかし、どれだけ高価なハードウェアを導入しても障害を100%回避することは不可能です。ならば、サーバが1台停止したとしてもシステムが稼働し続けられる設計をするという考え方です。さらに、データセンターレベルの障害といった想定されるすべ

◆図2　障害を想定しない構成

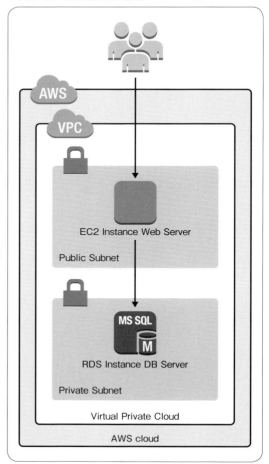

第1章
高度な非機能要件をクラウドで実現！
クラウド時代のインフラ設計術

◆図3　障害を前提とした構成

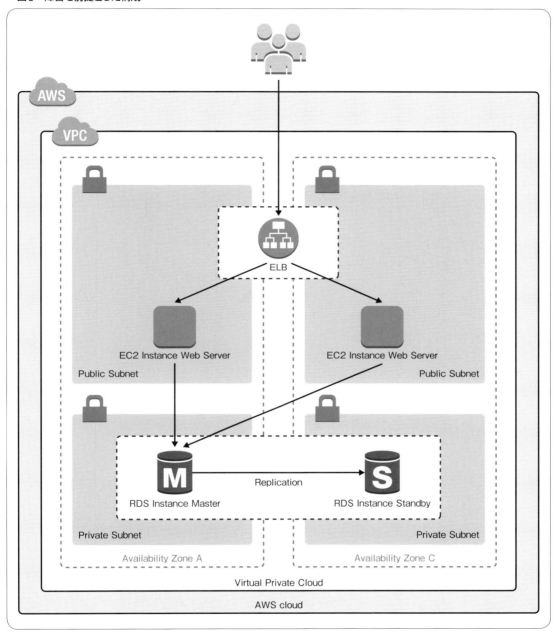

てのケースを考慮します。

　そして、それを容易に、かつ安価に実現できるしくみがAWSでは提供されています。一般的なWebサーバ＋DBサーバの構成を例に説明します。

　図2のような構成では、EC2のWebサーバ、RDSのDBサーバともにシングルの構成です。この構成では、予期せぬ障害でインスタンスが停止すればシステムはサービスの提供ができなくなります。インフラを構成するハードウェア／ソフトウェアのメンテナンスのため、突如再起動を求められることもあります。データセンターレベルの障害があれば完全に提供できなくなります。

87

特集3

クラウド構築&運用の極意

これに対し、障害を前提に可用性を高めた構成が図3です。

AWSでは、世界各地に「リージョン」と呼ばれるロケーションがあり、その中にシステムを構築します。1つのリージョンには複数のアベイラビリティゾーン（Availability Zone：AZ）があります。AZは1つ以上のデータセンター群で構成され、AZが異なれば電源・ネットワークの系統も分離されています。AWSでは複数のAZにまたがってシステムコンポーネントを冗長化するMulti-AZ構成を推奨しています。

図では、フロントにロードバランササービスである「Elastic Load Balancing（ELB）」を配置することで、2つの異なるAZに配置したEC2にリクエストを振り分けます。マネージドサービスであるELBも、簡単な設定で複数のAZに配置されます。

RDSインスタンスはMulti-AZ配置を有効化することで、プライマリに障害が起きた場合には即座にスタンバイ側に切り替わり、サービスを継続することができます。

このようにすることで、サービスを構成するすべてのコンポーネントがデータセンターレベルで分離・冗長化され、障害に対して堅牢なシステムとなります。

● 疎結合で動的なアーキテクチャ

拡張性を高めるうえで必要な設計のポイントとなるのは**疎結合**です。

前述のWeb＋DBのシステムを考えます。アクセス数の増加に従ってシステムの処理能力を向上させる必要がある場合、一般的に採る手段には、サーバ単体をよりスペックの高いものに変更する「**スケールアップ**」と、複数のサーバを並べることで合計の処理性能を確保する「**スケールアウト**」があります。

スケールアップでは、スペックの変更時にサーバの再起動を伴うことが一般的であり、最大スペックに上限もあります。また、1台のサーバで多くの処理を行うことで、障害発生時にシステムに与える影響も大きくなってしまいがちです。一方

で、スケールアウトの場合にはリソース追加の上限が大きく、柔軟に増減が可能なことが多いでしょう。

ステートレスなサーバ構成

クラウドサービスでは、需要に応じてオンデマンドにサーバリソースを追加することが可能です。その特性を活かすためには、サーバの動的な増減に対して問題なく動作可能である必要があります。そのための基本的な方針となるのが、アプリケーションをステートレスにすることです。Webサービスを例にすると、以下のような情報をサーバ内部に保持せず、外部のサービスと連携することです。

● ユーザのセッションデータ
● 共有するコンテンツデータ

これらのデータを外部に持つことで、処理を行うサーバが増加・減少してもすべてのサーバで同じサービスを提供することが可能です。

また、サーバのスケールインや障害時の停止を考慮し、各種ログのような失われては困るようなデータを、リアルタイムに外部に出力するといった工夫が必要です（図4）。

AWSを始めとするクラウドサービスには、サーバリソースを自動で増加・減少させることができる「AutoScaling」という機能があります。たとえば、日中・夜間といった時間に応じてサーバの台数を増加・減少させたり、全体のCPU負荷の増加に合わせてサーバを自動的に追加したりできます。

処理の非同期化

疎結合にするためのもう1つのポイントは非同期化です。

ユーザからアップロードされたデータをデータベースに書き込む処理を例に説明します（図5）。一般的に、書き込み・更新といった処理はアクセス数の増加に従いボトルネックになりがちです。一連の処理を同期して行うと、高負荷になった際に

◆図4 外部のサービスと連携したステートレスな構成

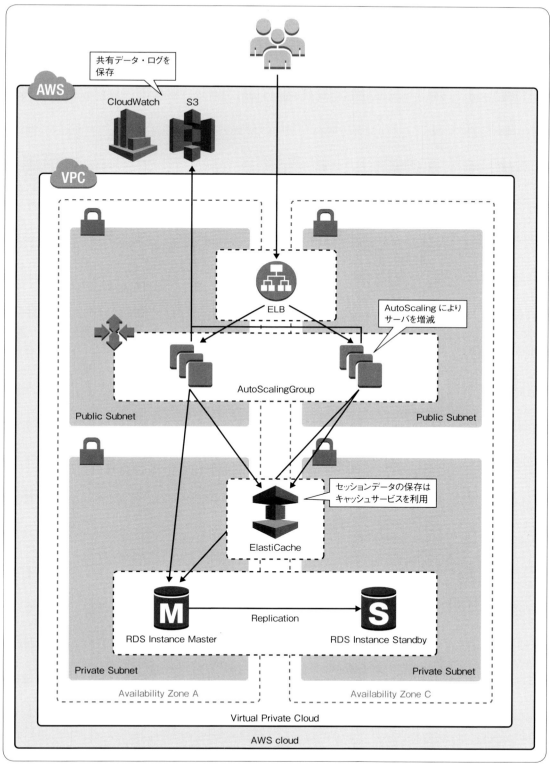

特集3 クラウド構築&運用の極意

◆図5 SQSによる処理の非同期化

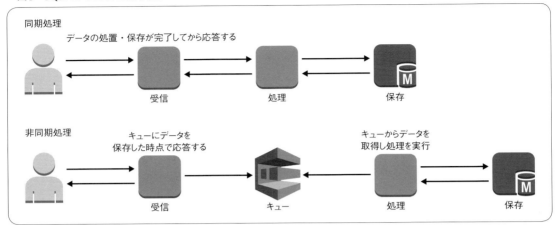

ユーザを待たせることになったり、経路上で障害があった際にはユーザエクスペリエンスを損なうことになります。

このようなケースでは、ユーザからのデータを受け取るサーバと、データを処理するサーバの間にメッセージキューを配置することで非同期化できないかを検討します。

AWSの場合には、メッセージをためるキューサービスである「Amazon Simple Queue Service（SQS）」があります。マネージドサービスであるSQSは、データの冗長性と高いスケーラビリティを持っています。

ユーザへは、データを受け取りキューに登録した時点でレスポンスを返すことができます。ワーカーはキューからデータを取り出し、順次処理していくことができます。

処理が滞留しそうになる場合には、ワーカーをスケールアウトさせることで処理能力の増強が可能になります。または、日中などのリクエストが多い時間帯にはキューにためておき、夜間、リクエストが減ったころに順次処理していくように、処理を平準化することもできます。

システムを構成するコンポーネント間を疎結合にし、状況に応じてリソースを動的に変化させるアーキテクチャが、システムに可用性と拡張性を持たせるポイントになります。

バックアップとディザスタリカバリ

本節では、クラウド環境におけるバックアップとディザスタリカバリ（DR）の考え方について解説します。

オンプレミスと比較し、クラウドでバックアップとDRを実現する最大の優位性は初期導入コストが小さいことです。

一般的に、DRを実現するためにはデータの退避やシステムの稼働が可能になるだけの設備を遠隔地に用意する必要があります。一方、多くのパブリッククラウドでは複数の地域にサービスを展開するインフラが用意されており、オンデマンドに利用することができます。

クラウドにおけるバックアップ

オンプレミスと比べ、パブリッククラウドの各サービスには簡単にバックアップを取得するしくみが提供されています。インフラを独自に準備する必要がなく、大規模災害のような複数データセンターにおよぶレベルでの障害にも対応可能です。

AWSでも、バックアップを簡単に取得し、運用するための機能・サービスが用意されています。以下に、基本的なAWSサービスのバックアップを紹介します。

第1章
高度な非機能要件をクラウドで実現!
クラウド時代のインフラ設計術

仮想マシンのバックアップ

EC2インスタンスが使用するブロックストレージEBSでは、数クリックの操作またはAPIへの操作によりスナップショットを簡単に取得することができます。さらに、そのスナップショットを利用することで、取得時点のEC2インスタンスを複製できます。EBSスナップショットはリージョン内に複数の複製を持って保存されます。

また、スナップショットを地理的に離れた別のリージョンにコピーすることも可能です。コピーすることでコピー先のリージョンにインスタンスの複製を簡単に構築できます。

S3のバックアップ

AWSのオブジェクトストレージである「S3」は、デフォルトでリージョン内で地理的に分散された複数の複製を保存し、99.999999999％（イレブンナイン）の耐久性を持ちます。

さらに、オプションでリージョン間のレプリケーションを有効化することで、選択した複数のリージョンにコピーを持たせることができます。

RDSのバックアップ

マネージドデータベースサービスである「Amazon RDS」では、自動・手動によるスナップショット取得がサポートされています。

自動スナップショットでは、機能を有効化するだけで最長35日間のスナップショットを保存でき、ポイント・イン・タイム・リカバリも可能です。

また、任意のタイミングで手動で作成したスナップショットは、ほかのリージョンにコピーすることができます。保存されたスナップショットを利用して、取得時点のデータを保持する複製を容易に作成できます。

● ディザスタリカバリのシナリオと戦略

大規模災害などを想定したディザスタリカバリ（DR）では、リージョンレベルで障害が発生するケースを考慮します。

前述のとおり、Multi-AZの構成でシステムを構成しているのであれば、単一のデータセンターレベルでの障害への耐性はあります。ここで考慮するのは、複数データセンターにおよぶ広範囲な障害です。

検討のポイントとなるのは、システムの復旧にかかる時間RTO（Recovery Time Objective）とRPO（Recovery Point Objective）、そしてコストです。オンプレミスと比較し、クラウド環境であれば比較的低コストで、容易に複数リージョンへのシステムの展開も可能です。しかし、シングルリージョンと比較してコストがかかることは確実となります。対象となるシステムの重要性に応じて、どのレベルまでバックアップと復旧手順を準備しておくかを検討します。

以下の4つのシナリオが一般的です。

1. バックアップ＆リストア（図6）
2. コールドスタンバイ（図7）
3. ウォームスタンバイ（図8）
4. マルチサイト（図9）

1. バックアップ＆リストア

通常利用しているのと別のリージョンにデータのバックアップのみを確保しておくパターンです。

システムが一時的に利用不可となっても、データさえ保護されていれば、別のリージョンあるいは元のリージョンで障害復旧後にシステムを再構築することが可能です。必要なコストは、バックアップデータの保存に必要なストレージ容量分のみとなります。一方で、システム復旧には再構築が必要になるため、RTOは一般に数日以上と大きくなります。

2. コールドスタンバイ

通常利用しているのと別のリージョンに、データのバックアップに加えて、サーバリソースを速やかに起動・展開可能な状態にしておくパターンです。

AWSの場合、以下のような機能を利用することを検討します。

91

特集3
クラウド構築&運用の極意

◆図6　バックアップ&リストア

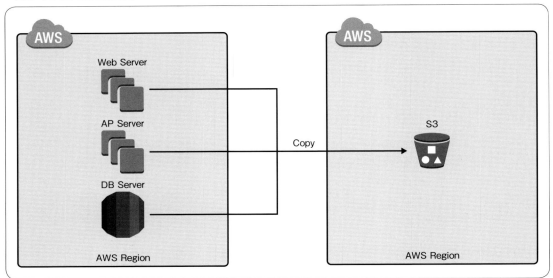

◆図7　コールドスタンバイ

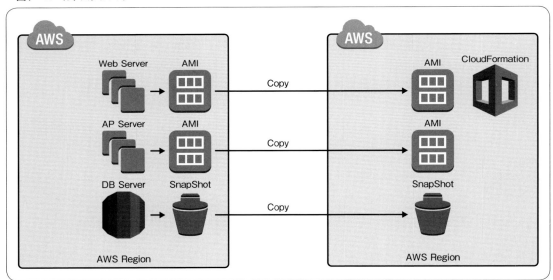

- インスタンスのイメージ（AMI）の取得・コピー
- RDSのリージョン間レプリケーション
- CloudFormationテンプレートによるシステムオーケストレーション

サーバインスタンスを起動状態にしないためコストを抑えることが可能であり、バックアップリージョンへの展開が完了した時点でシステムの復旧が可能になります。

3. ウォームスタンバイ

平常時から、別リージョンにメインサイトと同等の機能を持つシステムを最小構成で用意しておくパターンです。

最小構成ではありますが、リソースを起動しておく分のコストが発生します。一方で、メインサ

◆図8　ウォームスタンバイ

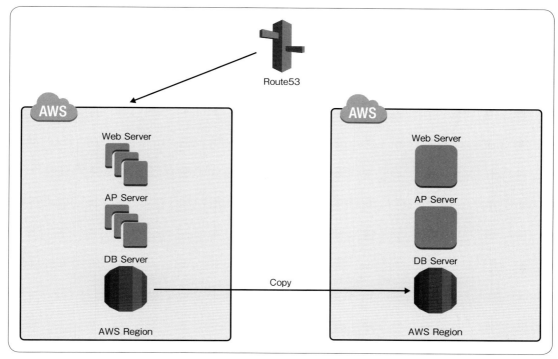

◆図9　マルチサイト

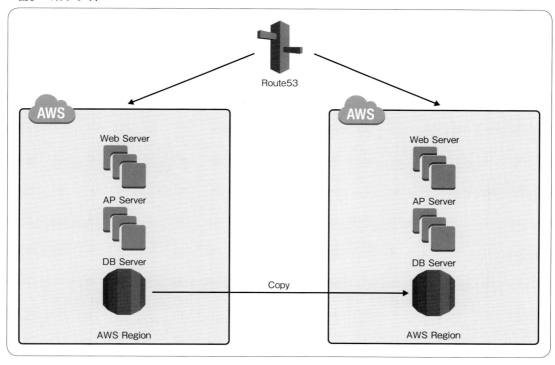

特集3

クラウド構築&運用の極意

イト障害時にはリソースをスケールアップ／スケールアウトするだけの手順で切り替えることが可能です。

4. マルチサイト

メインサイトと同等の構成を複数のリージョンに用意しておく構成です。

平常時も複数リージョンでシステムを稼働しているので、1つのリージョンで障害が発生しても最小のダウンタイムでシステムの復旧が可能です。ただし、常時フルスペックの構成を起動しておく必要がありますので、シングルサイトの構成に比べコストは2倍以上となることに注意しましょう。

一方で、通常時から複数のリージョンを活用したシステムとして構成しておけば、非常に高い可用性を持つシステム構成となります。

1から4までのいずれの構成でも、オンプレミス環境で複数の地域にまたがったディザスタリカバリ環境を構築するのに比べ、少ない初期投資コストで実現することが可能です。また、システムのすべてを同じレベルにそろえる必要はなく、重要度に合わせて適切に選択していくことが重要です。

AWSでは2018年2月現在、世界で15のリージョンが利用可能です。東京（ap-northeast-1）をメインリージョンとして利用している場合には、地理的に近いソウル（ap-northeast-2）やシンガポール（ap-southeast-1）が候補になることが多いです。

継続的な最適化

多くのパブリッククラウドでは、技術の進歩やユーザからのフィードバックにより継続的にサービス内容のアップデートが行われています。

オンプレミス環境のシステムでは、投資コストや償却コストの都合上、一度構築したシステムを短期間で大きく変更することは現実的でありません。しかし、初期投資を抑えることができるクラウドでは、サービスのアップデートに合わせてシステムを見なおしていくことで、サービスレベル

の向上やコストの削減といったメリットを享受でききます。

また、当初のキャパシティ見積りとの乖離や、システム利用状況の変化に合わせて、サーバリソースを調整していくことも大切です。理想的には四半期（3ヵ月）に一度のペースで、少なくとも半年に一度はシステムの構成やスペックを見なおすことが推奨されます。

● AWS のサービスアップデート

AWSでは、継続的な新サービスの追加や機能改善が次々と行われています。そのペースは年々加速していて、2016年は年間1,000以上、2017年には1,300以上のアップデートがありました。

もともと提供されていたサービスについても、継続的にアップデートがされています。たとえば、2009年にリリースされたロードバランササービスであるELBには、2016年以降の代表的なものだけでも以下のアップデートが実施されています。

- 2016年1月：AWS Certificate Manager がリリースし、ELBで無料のSSL/TLS証明書が利用可能になった
- 2016年8月：HTTP/HTTPSに特化したApplication Load Balancer（ALB）のリリース
- 2016年12月：ALBでAWS WAFが利用可能になった
- 2017年1月：ALBがIPv6をサポート
- 2017年4月：ALBでホストベースのルーティングをサポート
- 2017年8月：ALBでIPアドレスをターゲットに指定可能になり、EC2以外でも利用可能になった
- 2017年9月：Network Load Balancer（NLB）のリリース
- 2017年9月：NLBがIPアドレスをターゲットに指定可能になり、EC2以外でも利用可能になった
- 2017年10月：ALBが複数のSSL/TLS証明書を設定できるSNIに対応
- 2017年11月：NLBがProxy Protocolに対応

第1章 高度な非機能要件をクラウドで実現! クラウド時代のインフラ設計術

変化するベストプラクティス

　サービスアップデートにより新機能・新サービスが追加されることで、それまでベストプラクティスとされていた設計が変化することもあります。

　先に挙げたELBを例に、設計の変化を紹介します。2016年8月にリリースされたALBはHTTP/HTTPSに特化され、これまでになかった以下の機能に対応しました。

- パスベースルーティング：URLのパスに基づいてリクエストを振り分けるサーバグループを選択
- HTTP/2サポート：HTTP/2のリクエストを受けられるようになった
- WebSocketサポート：WebSocketのリクエストを受けられるようになった

　続いて、2016年12月にはAWS WAFに対応し、アプリケーションレベルのセキュリティ機能が強化されました。2017年4月にはホストベースのルーティングをサポートしました。さらに、2017年10月には複数のSSL/TLS証明書の利用が可能になったことで、複数のドメイン名の異なるサービスを1つのALBに集約することもできるようになりました（図10）。

　アップデートに合わせてシステムを最適化していくことで、新しい機能を利用できるばかりでなく、集約によるコストメリットを享受することができます。

　オンプレミスとは違い投資コストの不要なクラウド環境では、机上で検討することよりも小さくてもいいので実際に試していくことが重要です。もし、利用してみた結果、自分たちの要件にマッチしない場合にはいつでも戻すことができます。机上での検討や将来予測に大きな労力を割くことよりも、実際に試し、その結果に基づいて柔軟に対応していくことがクラウドをうまく利用する一番のコツと言えるでしょう。

まとめ

　パブリッククラウドを活用したインフラ設計の

◆図10　1つのELBを複数サービスで利用できる

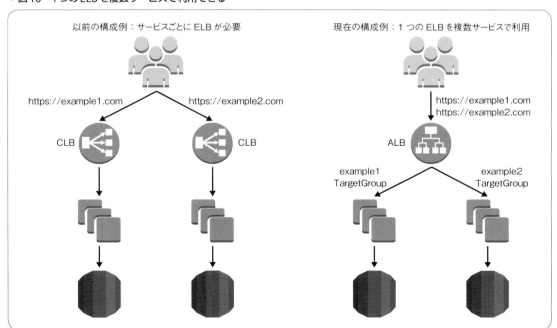

ポイントについて、AWSを例に4つの観点から解説しました。

最後に述べたとおり、環境を塩漬けにせず、進化するサービスに合わせて常に見なおしていくことがパブリッククラウドにおいては重要です。

AWSでは、よりよい設計を実現するための評価指針として、AWS Well-Architected Framework[注3]というものを公開しています。ユーザ、アプリケーションの変化するニーズに応じて、システムを構成していくための次のステップとして役に立つでしょう。

パブリッククラウドのメリットを最大限に活用し、よりよいインフラ設計を実現しましょう。

注3）https://aws.amazon.com/jp/architecture/well-architected/

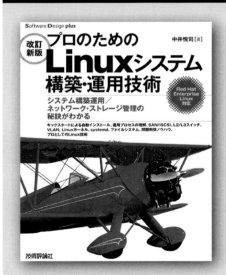

第2章 クラウドで構築するIoTサービス
大量のデバイスからのデータをいかにさばくか？

松井 基勝
Motokatsu Matsui

本稿では、IoTの基本となる3つの構成要素を整理して最新動向を踏まえ、IoT開発をスムーズに進めていくためのノウハウとして、クラウドを使ったIoTシステムを構築するための開発手法と、実際に使われているIoTシステム事例をクラウドで実現するための構成例を紹介します。

1 IoTとは

　IoT（Internet of Things、モノのインターネット）という言葉は、昨年あたりから新聞やニュースの記事などで聞かない日がないくらい、一般的な用語として定着してきていると感じますが、ここ数年でできた新しい概念だと思っている方が多いのではないでしょうか。

　実は、IoTとは古くから（20年ほど前から）存在する概念です。また、機械どうしが通信をするというM2M（Machine to Machine）という言葉も同じくらい前から使われていた用語です。実際に「M2M」や「IoT」と呼べるようなユースケースがすでに出現していましたが、ごく一部でしか実現されていませんでした。

　それがここ数年で台頭して来た背景にはさまざまな理由が考えられますが、大きく3つの要因があると思います。

● デバイスの小型化・高機能化

　まず、安価で高性能・多機能なデバイスが多数出現したことが挙げられます。その中でも一般的によく知られているものとしては、「SoC（System on Chip）」と呼ばれるモバイル向けのシステム統合型チップが搭載された、Raspberry Piに代表されるワンボードコンピュータがあります。

　そのようなボードでは、Linuxのような普通のOSも動作させることができるため、開発の技術面でのハードルが下がり、たとえば組み込み技術者でなくても簡単に開発を始められるようになって来ています。

● モバイル通信の普及

　インターネットへの接続も、モデムやISDN、専用線といった固定回線しかなかった時代から、スマートフォンなどの普及により3GやLTEといった高速なモバイル通信がどこでも利用できるようになりました。

　これにより、場所に縛られずに「モノ」をインターネットに接続できるようになってきました。また、通信に必要なコストも年々下がって来ていますので、コスト面でのハードルも下がっています。

● クラウドの普及

　しかし、ここ数年での一番大きな変化は、やはりクラウドの普及にあると思います。クラウド自体は2006年ごろから登場した概念ですが、一般的に広く使われるようになったのは2010年代に入ってからでしょう。

　クラウドの普及で大量のデータを処理する基盤を誰でも利用できるようになってきたことで、大規模な初期投資をしなくても「モノ」から得られる大量のデータを保存したり計算したりすることが可能になりました。

特集3
クラウド構築&運用の極意

IoTの構成要素

続いて、IoTという概念を説明するうえで欠かせない3つの要素を整理し、最新の動向をまとめてみたいと思います（図1）。

モノ

IoTにおける「モノ」とは、あらゆるものを指します。たとえば工業機械や車などの機械だけではなく、ときには農作物や動物、人間までもが対象になります。そのような「モノ」は通常、直接インターネット通信を行うことはできませんので、何らかのセンサーなどを使用してデータを収集し、インターネット接続が可能なゲートウェイ装置などのデバイスを通じて通信を行う必要があります。

前述のとおりデバイスの高機能化が著しく、最近ではGPUが搭載されたボードも登場しました。そのため、従来はクラウドで処理していたような高度な計算処理をデバイス側で行うことができるようになりました。これを「エッジコンピューティング」といいます。

たとえば、カメラ画像から物体を認識するような場合、画像を毎フレーム、クラウドに送信してその処理を待たなくてはならず非効率でした。下処理をデバイス側で済ませて、得られた結果だけをクラウドに送信することで通信容量を節約できます。

通信

モノがインターネットにつながるためには、何らかの通信手段が必要となります。それはEthernetのような有線接続かもしれませんし、Wi-Fiのような無線での接続かもしれません。ありとあらゆるモノを接続するためには、ありとあらゆる場所で接続できる必要があります。

また、1ヵ所にとどまらずに移動するモノが、常に接続し続けることも求められる可能性があります。そういったユースケースをカバーするには、3Gや4G（LTE）などのモバイル通信が適しています。また、今後5Gになるとさらに帯域やレイテンシが向上する見込みです。

一方で、「大量のデータを送信しない代わりに電力消費は抑えたい」というニーズのために、LoRaWANやSigFoxなどの「LPWA（Low Power Wide Area）」と呼ばれる通信規格が昨年あたりから実用化されています。スマートメーターなど、低頻度かつ小容量（規格によりますが、少ない場合では10数バイト程度）で、長寿命が求められる通信に向いています。

また、昨今ではMiraiに代表されるような、IoT機器を標的にしたマルウェア攻撃が活発に行われていることから、IoTデバイスにおけるセキュリティ対策が注目されています。通常、IoTのIは「Internet」を指しますが、あえてプライベートネットワークに閉じ込めた「Intranet of Things」とでも呼ぶべき閉域網のシステムを組むというのも、そうした攻撃に対する対策として有効です。

クラウド

「クラウド」と言う場合に想像するものは、人によってずいぶん違うと思いますが、本書の読者であればおそらくAWS、Azure、GCPなどの大手クラウドベンダのサービス（いわゆるメガクラウド）を想像される方が多いのではないでしょうか。

IoTの文脈におけるクラウドとは、そうしたいわゆるメガクラウドも当然含みますし、そのようなクラウドサービス上に構築された、PaaSやSaaS

◆図1　IoTの三大構成要素

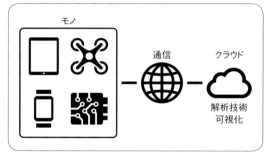

のような提供形態のサービスも含まれると思います。また、自前のデータセンターに構築された、プライベートクラウドを使う方もいらっしゃるでしょう。

しかし、今後IoTデバイスの数が増えていったとき[注1]に、要求される処理能力も飛躍的に多くなってきます。そういった場合を考えると、スケーラビリティに不安のある自前のデータセンターよりも、メガクラウドを活用するほうが安心ではないでしょうか。

ここ数年のトレンドとしては、各クラウドベンダがIoT機器の管理やデータ送受信などを行うためのブリッジサービスをリリースしているという点です。

これまでのブラウザやモバイル端末といった機器で使われているHTTPでの通信だけではなく、軽量で双方向通信に対応したMQTTなどのプロトコルを採用しているのが特徴です。そのようなブリッジサービスを使い、各クラウドベンダの持つさまざまな機能を組み合わせてシステムを構成していくことになりますが、大規模なデータを扱うためのビッグデータ系サービス（データレイク、分散データベース、分散処理基盤など）や、膨大なデータを学習して予測をするためのAI系サービス（Machine Learning、Deep Learningなど）がとくに注目されています。

IoTシステムの開発における ベストプラクティス

ここでは、IoTシステムを開発するうえでのベストプラクティスを考えていきます。

IoTにおける開発の流れ

IoTにおける開発の流れは、図2のようになります。

フェーズ1：データフォーマット設計

ビジネス要件をもとに、まずはどのようなデータをデバイスとクラウドでやりとりする必要があるのかを洗い出します。ビジネス要件を噛み砕くには、5W1Hを考えるとよいでしょう。これはIoTに限らずITシステム全般に重要なことですが、一番大事なことは「Why」、つまり「なぜこのシステムを作るのか＝どういう問題を解決したいのか」という点です。何か不便なことを解決したい、効率が悪いことを改善したいなど、具体的なニーズに基づいていることが成功の秘訣となります。

それを踏まえたうえで「What」「Who」、つまり具体的にどのような「モノ」を対象にすればよいか、誰がコントロールするかなどを決めていくと、そのシステムに必要なデータのフォーマットが見えてきます。最初から過不足がない完全なものを目指すのではなく、アタリを付けるといった感じで

◆図2　IoTにおける開発の流れ

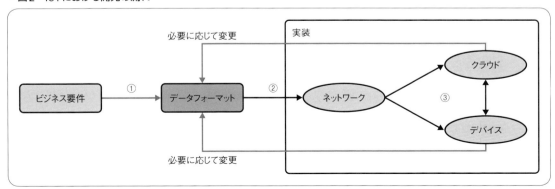

注1）一説では、2020年に500億との予測もあります。

特集3

クラウド構築＆運用の極意

たたき台を作ります。

フェーズ2：3大構成要素の設計検討

次にそのデータフォーマットをもとに、デバイスとクラウド、そしてそれらをつなぐネットワークの各要素において、そのデータを処理する方法、つまり「How」を検討していきます。

【デバイス】

利用したいセンサーや制御対象の機器とのインターフェースなどをもとに、どのようなデバイスを使うか決めていく必要があります。本書では詳細は割愛します。

デバイス側の制約として、クラウドへの通信を行う手段にどのような選択肢があるのかを確認しておきます。

【クラウド】

クラウド側では、使用するクラウドプロバイダやサービス、データの流れなどを決めていきます。

- 最終的にどのような形でデータを利用したいのか（可視化や分析処理基盤の選定）
- そのためには、どこ（ストレージやデータベース）に、どのような形式でデータを保存すればよいか
- どのようなサービスやプロトコルでデバイスと通信するか

上記のように、逆算的に考えていくと決めやすいでしょう。

【通信】

通信の部分では、設置場所やデータのサイズ、通信の向き（双方向通信が必要か否か）に加えて、デバイスやクラウド側の求める要件に合わせて決めていく必要があります。

たとえばLPWAを利用したい場合には、データのサイズや送受信の頻度・回数に制限があるため、利用の可否がすぐに判断できます。また、データ

の機密度によっては、インターネット経由の通信にするか閉域網にするか、暗号化する必要があるかどうかといった点を考慮に入れます。

そのほかに、想定されるデバイスの数や通信量をもとに、コストのシミュレーションなどもある程度しておくとよいでしょう。

フェーズ3：実装

実装していく過程では、データフォーマットを責任分界点として、それぞれ並行で開発していくと、効率よく開発を進めていけます。

具体的には、デバイス側はセンサーから得られた値をデータフォーマットに合わせて出力したり、クラウド側から得られたデータをパースして実際のモノに反映する部分などを、単体で開発を進めていきます。

クラウド側も同様で、データフォーマットに合ったデータがデバイスから送信されたと仮定して、それ以降のシステムを組み上げていき、開発を進めていきます。

最後にネットワーク的にデバイスとクラウドを接続した時点で、それぞれが正しく開発できていれば、手戻りなく開発することが可能となります。

当然、実装していく間に、想定していたデータフォーマットでは足りない部分や、余分な部分などが見えてくると思いますので、それについては随時擦り合わせていく必要があります。

これは、実際に「SORACOM Funnel（以下、Funnel）」というサービスを開発する際に採った手法です。この手法で行った開発では、API仕様（≒データフォーマット）を先に決めておき、デバイス側とクラウド側でプログラムの開発を別々に進めて、それぞれのプログラムが完成した時点で結合試験を行って無事にデバイスからクラウドまで（End to Endという）の疎通が確認できました。

このように規模の小さい部品をAPI仕様をもとに疎結合（モジュール間でお互いに依存している部分が少ない状態）にし、非同期的にシステムを開発していくというスタイルで、開発効率を上げることが可能です。

第2章
大量のデバイスからのデータをいかにさばくか？
クラウドで構築するIoTサービス

● デバイス／クラウド開発のギャップ

開発手法の違い

　クラウドでIoTシステムを開発する際に気をつける必要があるのは、デバイス側とクラウド側の開発の特性が大きく異なる点でしょう。クラウドの開発が生産性を重視した開発手法であることに対して、デバイスの開発というのはハードウェアの制約による制限が多いという点です。

　具体的には、以下の**表1**のように異なります。

　クラウドの開発では、一般的に開発サイクルが短いことから、開発効率を重視したスタイルを採ることが少なくありません。CPUやメモリなどの処理能力はスケールアップやスケールアウトといった手法でほぼ無限に近い形で賄えますので、実質のデータの内容に比べてファイルサイズが大きくなるテキスト形式のデータフォーマットを用いても、人間にとって理解しやすいが実行効率の劣るスクリプト系言語を使ったとしても、それほど問題にはなりません。

　反対にデバイス開発の世界ではファームウェアなどを気軽に差し替えることが難しいことから開発期間が長く、ハードウェアの制限が開発に与える影響が強いため、開発効率を犠牲にした開発手法が採られます。CPUやメモリなどに制限があるため、データフォーマットはなるべくサイズが小さくなるようにバイナリフォーマットを用い、処理する言語もC/C++などの開発効率よりも実行効率を重視した言語を用います。

　このようなギャップをどう乗り越えていけばよいでしょうか。

デバイス側の負担を軽減する開発

　デバイス側のプログラムを頻繁に更新していくのは負担が高い一方、クラウド上のシステムでは日常的にデプロイメントが行われることが珍しくありません。

　そこで、定石としてはデバイス側で行う処理を最小限にとどめておいて、コアとなるビジネスロジックの処理や複雑な処理はクラウド側で行うというアプローチが有効となります。これにより、デバイス側の開発に必要な期間を短縮し、クラウド側の開発スピードになるべく近づけていくことが可能です。

　しかし、画像処理のように対象となるデータ容量が大きい場合や、工場のライン管理や自動運転など即時性が求められるような処理はクラウド側ではなくデバイス側で行うべきです。

　クラウドを使ったシステムを開発する際には、障害を完全に排除することは不可能であり、部分的な障害は常に起きる可能性があると考えて設計する（design for failure）のがベストプラクティスです。クリティカルな処理はデバイスがネットワークから切り離されても行えるか、安全に停止できるかなどの対策を考えておきましょう。

　また、デバイスとクラウドをつなぐネットワークレイヤの部分でも工夫の余地があります。SORACOMプラットフォームのデータ転送支援サービス「SORACOM Beam（以下、Beam）」やクラウドサービスアダプタ「Funnel」といったサービスを使うことで、デバイスからは非常に簡単なプロトコルで通信を行いながらも、クラウドとの通信はセキュリティと開発のしやすさを高度なレベルで両立することが可能です。

◆表1　デバイス開発とクラウド開発の違い

項目	デバイス	クラウド
リソース（CPU、メモリなど）	少ない	潤沢
開発で用いるおもな言語	低級言語（C/C++など）	スクリプト系言語
おもなデータ形式	バイナリ	テキスト（CSV、JSONなど）
開発サイクル	半年～	1～2週間単位

特集3
クラウド構築&運用の極意

スケーラビリティの確保

前述のとおり、IoTデバイスは想定以上に接続される可能性を考慮して全体のシステムを設計していく必要があります。

基本的には自分でサーバを構築するのを避け、マネージドサービスを利用することでサービスプロバイダ側にスケーラビリティの担保を委譲してしまいましょう。そうすれば必要な分のコストを支払うことでスケーラビリティを確保できます。

仮にデバイスが毎時0分0秒にデータを送信するような設定にしてしまったら、どうなるでしょうか。開発時や初期段階の数台〜数十台程度であれば問題ないと思いますが、最終的には多数のデバイスがいっせいにAPIを実行することになり、クラウドサービス側から一時的な規制(スロットリング)を受ける可能性が非常に高くなります。また、データベースなどの性能もピークに合わせて設計する必要がありますので、コスト面でも不利になります。

システム全体が無理なくスケールしていくためには、なるべくピークを作らない工夫をする必要があります。たとえば、データ送信のタイミングにランダムな要素を入れたり、デバイスをグルーピングしてタイミングを散らすなどの施策を行って、負荷を平準化していくことが大事です。

IoT事例

最後にIoTシステムの構築例を2つ紹介したいと思います。

自動販売機の管理システム

日本中いたるところで見かける自動販売機ですが、もし自動販売機をIoTで管理するシステムを作ろうとしたら、どのようなシステム構成になるでしょうか。

日本全国にある自動販売機の数はおよそ500万台と言われています。その中で飲料自動販売機は最も割合が多く、256万台程度と言われています。このような膨大な数の機器の情報を処理するには、パブリッククラウドの利用はうってつけとなり

◆図3 自動販売機の管理システム

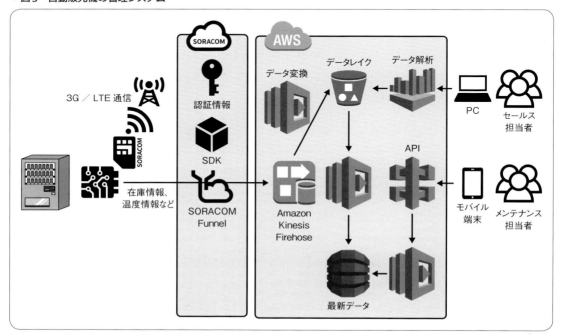

第2章

大量のデバイスからのデータをいかにさばくか？
クラウドで構築するIoTサービス

ます（図3）。

データの受け取りと保管

まず、吸い上げられたデータの処理を行うために、Amazon Kinesis Data Firehose（以下、Firehose）の利用を検討してみましょう。Firehoseはマネージドサービスとなっているため、利用者はFirehoseのエンドポイントにデータを送信しさえすれば、自動的にAmazon Simple Storage Service（以下、S3）などへデータを保存することができます。

S3にいったんデータが入れば、Amazon Athena（以下、Athena）などのビッグデータ解析サービスで容易に扱うことができます。また、送信された生データを保持しておけば、あとから集計の方法を変えることもできます。このような用途のストレージ利用を「データレイク」と呼びます。

Funnelを介した通信

Firehoseにデータを送信するには、HTTPSでの通信や「Signature version 4」と呼ばれるHMAC-SHA256アルゴリズムを使った署名を行う必要があります。しかし、自動販売機の中には、自動販売機のさまざまな機能や温度、在庫状況などを管理するための組み込み機器が入っており、そのような組み込み機器はCPUやメモリなどのリソースが限られているため、暗号化や署名が非常に困難なことがあります。また、自動販売機は屋外のような固定インターネット回線がないような場所に設置されていることも多いので、3GやLTEといったモバイルネットワーク通信網を活用する必要があります。

この2つの要件から、IoT通信プラットフォームの「SORACOM」を使い、SORACOM Air（以下、Air）SIMによるモバイル通信と、クラウドリソースアダプタ「Funnel」を使います。

Funnelを使うと、デバイスからデータを送信する際のプロトコルは、HTTP POST、TCPソケット、UDPパケットといった非常に簡単なものでよく、Airによる安全なモバイル通信経路を通って送信されたデータは、Funnelにより各クラウドサービスへの通信に必要な処理をSDKを代わりに実行することで、インターネット上を安全な状態で送信することができます。

データの変換と利用

Athenaなどでデータを利用する際には、JSON形式やCSV形式などのテキストフォーマットが適しています。しかし、デバイス側でそのようなリッチなテキストフォーマットを扱うのは、やはりCPUやメモリのリソースの都合で難しい場合があります。

そこで、FirehoseからAWS Lambda（以下、Lambda）を使ったデータ変換機能を利用すると、たとえばビット単位で最適化され送信されたバイナリデータを処理しやすいCSV形式に変換する処理をサーバレスで実現できます。

DynamoDBの利用

各自動販売機の最新の情報を得たいと思ったときに、逐一ビッグデータ向けサービスを使ってクエリを実行するのはレスポンスも悪くなりますし、非常に無駄となります。

そこで、蓄積データのほかに最新の情報だけをタイムリーに取り出すことができるように、Amazon DynamoDB（以下、DynamoDB）を利用することを考えます。S3にデータが追加された際のイベントを契機としてLambdaを実行して、DynamoDBのテーブルに格納された情報を更新します。この情報は、自動販売機のメンテナンスを行う担当者のモバイル機器端末からAPI Gatewayを通じてアクセスされ、担当者は最新のデータをリアルタイムに把握することができるようになり、業務を効率化することが可能となります。

● 業務用車両の監視システム

次に「動態管理」と呼ばれるユースケースを見ていきましょう。動態管理といえば、たとえばタクシーやバスといった交通機関、トラックなどの輸送業・配送業向け、そのほか道路清掃や除雪車といったものにも使われています。移動するモノの

103

特集3 クラウド構築&運用の極意

管理にIoTはとても相性がよいと言えます。

ここでは、トラックを管理するシステムを構成するとしましょう（図4）。

自動車にはODBIIなどの車両情報にアクセスするためのインターフェースが搭載されています。このようなインターフェースに接続することのできるモジュールを使用し、車両の情報や位置情報などを3G／LTEのモバイル通信を利用して、デバイスとクラウドとの間でデータを送受信することを考えてみましょう。

Beamを介した通信

デバイスとクラウドが双方向でデータを送受信する必要がある場合には、MQTTプロトコルを利用するとよいでしょう。メガクラウドベンダ3社が提供しているIoT向けサービス（AWS IoT Core、Azure IoT Hub、Google IoT Core）は、いずれもMQTTによる接続をサポートしています。こうしたサービスを使うことで、デバイスからクラウドへのデータ送信のみならず、クラウド側からデバイスへのデータ送信をとても容易に実装することができます。

ただし、クラウドベンダのMQTT接続には、セキュリティを高めるためにさまざまな制約があります。たとえば、AWS IoT CoreではTLSのクライアント証明書をデバイスに持たせる必要がありますし、Azure IoT Hubでは「SASトークン」と呼ばれる署名アルゴリズムを使った認証が必要となります。そして、Google IoT CoreではJWT（JSON Web Token）という署名アルゴリズムの認証が必要となります。一般的にこのような処理は高負荷となり、車載するようなデバイスでは対応できない可能性もあります。

そこで「SORACOM Beam（以下、Beam）」の利用を検討しましょう。BeamではTLSによる暗号化や認証処理をデバイスの代わりに行うしくみが備わっており、標準的なユーザー名／パスワード認証方式に加えて、各種クラウドサービスに接続するための認証方式に対応しています。デバイスは所定のアドレスまで、認証なしのMQTT接続をするだけで、あとの処理はすべてBeamが行うことで、クラウド事業者の提供するMQTTブローカーに簡単に接続できます。

デバイスがMQTTで接続することができたら、デバイスからの情報がリアルタイムに管理サーバ側で受信することができるようになるので、たとえば地図上に位置情報をマッピングするようなシステムを作ることで、リアルタイムの動態管理システムを実現することができます。また、管理サーバ側から各デバイスに対してデータを送ることもできますので、管理センター側からの指示をリアルタイムにデバイスに送信できます。

◆図4 業務用車両の監視システム

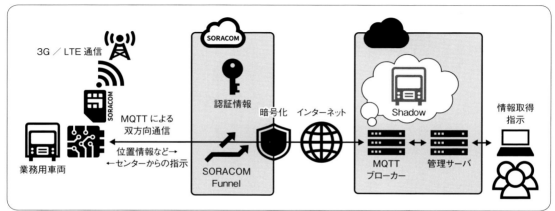

通信が途切れた場合に備える

　車の場合には、長いトンネルに入ったときや、エンジンが切られている場合にはデバイスがオフラインになる可能性があります。そんなときにクラウド側からデバイス側へ送信したデータはどうなるでしょうか。通常、送信されたメッセージは、受信側がオフラインであった場合には、受け取られずに破棄されてしまいます。MQTT自体にもRetainという最後に送信されたメッセージを保持するしくみはありますが、クライアントごとにメッセージを保持することはできません。

　そこで、「Device Shadow」や「Device Twin」と呼ばれるしくみを使います。デバイスがオフラインになっている間も属性を更新することができ、仮に更新したときにはデバイスとがオフラインであったとしても、次回デバイスがオンラインになったときに自分の状態との差分を比較して必要な処理を行い、デバイスとクラウド上に論理的に存在するデバイスを常に同期するためのしくみとなります。

終わりに

　本稿では、IoTシステムをクラウドで実現するする利点や方法について解説しました。筆者の所属する㈱ソラコムでは「世界中のヒトとモノをつなげ共鳴する社会へ」というビジョンを掲げていますが、その実現に向けてますますクラウドが果たす役割が増していきます。のちのち役に立つかもしれませんので、ぜひ自分の身近なところからでも、IoTシステムをクラウドで実現してしてみてください。

第3章 「すべてをクラウドで」実現の軌跡
東急ハンズの挑戦から学ぶシステムのクラウド移行

田部井 一成
Kazunari Tabei

吉田 裕貴
Yuki Yoshida

本稿では、東急ハンズにおいてオンプレミスのデータセンターからAWSへ全サーバを移行した事例を紹介します。運用するうえでつまずいたポイントも交えて紹介しますので、これからクラウドへのシステム移行を考えているエンジニアや、情報システム担当、管理者の方々の参考になるでしょう。

はじめに

ハンズラボ株式会社でチーフエンジニアをしている田部井です。

まずは、簡単にハンズラボという会社について紹介します。ハンズラボは、株式会社東急ハンズ情報システム部門の開発担当としての「内製」チームと、受託・サービス開発をする「外販」チームに分かれます。

外販では、小売業を中心に業務システムを受託開発したり、自社サービス開発をしています。その際のIaaSインフラとしては必ずAWSを利用します。

内製では、東急ハンズの基幹システムやPOSレジ、ECバックエンド、ポイントシステムなどを、自社メンバーによって開発をしています。

本稿では、おもに内製でのクラウド活用について紹介します。

東急ハンズにおける現状のシステム

東急ハンズでは、図1のようなシステムが稼働しています。

AWSへ移行したものもあれば、クラウドサービス（SaaS）を利用したものもあります。

また、AWS移行についても、アプリケーションをそのまま仮想サーバ（Amazon EC2）に載せ替えたものもあれば、スクラッチで作りなおしたものもあります。

このように、ひと口にクラウド移行と言ってもいろいろなパターンがあります。

それぞれ判断するポイントがあるので、これらについては次節で説明したいと思います。

また、AWSに移行するにあたり、解決すべきさまざまな課題にぶつかったり、新たなサービスの利用に挑戦することでメリットとともにデメリットもありました。

これらについては、後半の吉田のパートで紹介したいと思います。

AWS導入にいたるまで

東急ハンズのシステムのクラウド化について説明する前に、弊社のバックボーンについて紹介します。みなさんのシステムをクラウド化するために、どこから始めたらよいかを検討するうえでの参考になればさいわいです。

東急ハンズの情報システム部門として

ハンズラボの前身として、東急ハンズには「IT物流企画部IT課」という部署がありました（現オムニチャネル推進部）。この部署は、商品系基幹システム、伝票系、POSレジ系、バックオフィス系など、日々の運用をしながら、必要であればベンダに発注し、調整するいわゆる情シス部門として機能していました。

2008年、現ハンズラボ社長の長谷川が、IT物流企画部長として入社しました。システムを中心と

第3章
東急ハンズの挑戦から学ぶシステムのクラウド移行
「すべてをクラウドで」実現の軌跡

◆図1　現在のシステム一覧

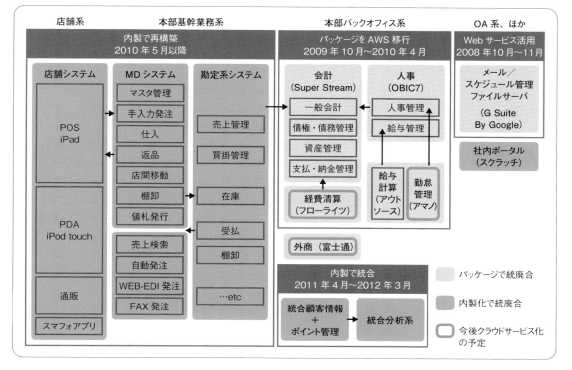

した業務改革のためです。ここで長谷川は、システムの内製化を選択しました。社内でエンジニアを育て、効率よくシステムを構築・改修しつつ、ITコストを削減できると考えたためです。

つまり、ハンズラボではITの素人、それこそ東急ハンズの店員だった人が、突然ITの部署へ異動になり、プログラムを書き始めるというところからスタートしています。

商品系基幹システム（MDシステム）は日本ユニシスのOpenCentralが稼働していましたが、まずはMDシステムのデータを利用した参照系や営業系のサポートツールを作成していきました。そこから業務アプリケーション開発の自信を付けていき、徐々にミッションクリティカルなシステムにも手を付けていきます。

その中で、サーバ調達が容易で開発スピードの向上が見込めるAWSへの移行の話が上がってきました。

やるからには「すべてのサーバを移行する」という決意のもと、AWS移行を進めていきます。ここでの考え方が、「小さいところから移行してみて試す」ということをせずに、「最も移行のハードルが高いところから移行する」という方針でした。つまり、今後すべてをクラウド化するということは、最も難易度の高い部分がAWSに移行できない可能性を残しておいてはいけないということです。

また、2009年には業界に先駆けてGoogle Apps（現G Suite）を導入しています。これによって、東急ハンズ上層部のクラウドへの抵抗感を減じることができたのではないかと思います。

● 内製での技術選定

当初、内製では「ユニケージ[注1]」という開発手法で行っていました。簡単に言えば、Bashスクリプトを使ってバッチだけでなくWebアプリも構築し、DBはなく、テキストファイルでトランザク

注1）　https://www.hands-lab.com/tech/entry/62.html

特集3

クラウド構築&運用の極意

ション処理まで実装するというものです。開発、本番ともオンプレミス上のLinux（RHEL、CentOS）で動いていました。この技術選択が、結果的にはAWSへ移行しやすかった理由の1つでした。

1つには、何しろ枯れた技術であるBashですから、Linux上でBashが動きさえすればよい、ミドルウェアに左右されないプログラム群がありました。

そして、良くも悪くも店員出身の「純粋培養のエンジニアではない」メンバーが多かったので、先例やお約束にとらわれず、クラウドでの開発に拒否感がなかったということがあります。

その後、内製であることを活かして、技術選定をより先進的な方向にシフトしていきます。とくに、年に一度のセールである「ハンズメッセ」の期間に高負荷となるECとポイントの両システムについて、Bashスクリプトでは効率的にさばくことができず、毎年サーバが落ちていました。

ここからAWSを積極的に活用するようになっていきます。

AWS移行のパターン

さて、弊社でこれまでAWSを活用したシステム開発や移行を経験してきた中で、単にAWSへ移行すると言っても、さまざまなやり方があることがわかりました。

以下では、それぞれどういったものなのか、考え方や気をつけることについて挙げていきます。読者のみなさんが移行方法を選定する際の一助となればさいわいです。

パターンの種類

まず、システムをAWSへ移行する場合のパターンは大きく分けて以下の4つがあると考えます。

1. AWSサービスを活用する
2. 既存パッケージを仮想サーバへ移行する
3. 仮想サーバへ移行しつつ、部分的にAWSサー

ビスを組み合わせる
4. 新規開発する（クラウドネイティブ）

それぞれについて、簡単に概要を説明します。その後、実際の事例を紹介します。

1. AWSサービスを活用する

このパターンは、AWSが用意しているサービスを組み合わせて利用することにより、クラウドへ移行します。

AWSには、DNS管理を行う「Route 53」や、仮想デスクトップを構築しシンクライアントを構築できる「Workspaces」などがあります。

専用線接続であるDirect ConnectやVPNを利用し、Amazon EC2にWindows Serverを構築することで、ファイルサーバをクラウド化することも可能です。

メリット

この場合のメリットは次のとおりです。

- コストが最適化されている
- サービスとして必要な機能がすでに用意されている

AWSのサービスを利用する場合、オンプレミスに比べて驚くほど安価に利用することができます。

AWSでは、新しいサービスは、AWSやAmazon社内で使ってきたものをより一般化して世に出したり、正式版（GA：General Availability）リリース前にベータ版をユーザに提供したりすることがあります。これによって、業務や用途に必要となる最適化されたサービスが提供されます。

また、サービスというものは多くのユーザに使ってもらう必要がありますから、どのユーザにとっても必要な機能、もしくは業界標準となっているような機能を中心に実装されています。

デメリット

一方、デメリットとしては以下のようなものが

あります。

- カスタマイズの難しさ
- 突然のサービス終了

どのユーザにも必要である最大公約数的な機能をメインに実装されているため、ユーザによってはかゆいところに手が届かないと感じるサービスもあると思います。これは導入・運用コストとのトレードオフですから、要件のほうをクラウドサービスに合わせるという決断も必要になるかもしれません。

また、サービス全般に言えますが、突然、提供終了になるということもあり得ます。AWSの場合、個別のサービスが終了したことはありませんが、Googleはけっこうドライに過去のサービスを切り捨てたこともあります。弊社の場合、AWSを全面的に信用して、サービスを継続的に利用すると割り切ってしまっています。

● 2. 既存パッケージを仮想サーバへ 移行する

既存のシステムにベンダのパッケージ製品を使っていることも多いと思います。業務にフィットするようにカスタマイズをしているため、既存システムを捨てて一新することはなかなか難しいですよね。

そこでパッケージアプリケーションをそのまま（あるいは多少のバージョンアップと同時に）クラウドへ移行することになるかと思います。

このとき、そのパッケージのクラウドバージョンへアップデートするか、プライベートクラウド上の仮想サーバに移行するような提案がある場合が多いのではないでしょうか。

その場合、一概には言えませんが、「クラウド」と言ってもパブリッククラウドへ移行するのに比べ、半分しかメリットが得られないこともあり得ます。

東急ハンズの場合はベンダのクラウドではなく、すべてAWSへ移行しています。具体的には、EC2

に仮想のWindows Serverを構築し、そこにベンダが既存パッケージをコピーし、動作検証をするという流れが多かったです。

メリット

このパターンでは、次のようなメリットがあります。

- ほかの移行パターンに比べ、移行先で大きな課題にぶつかることは少ない
- 新規のハードウェア調達や、再起動などがコンソールから簡単かつ迅速にできる
- ネットワークなどがクラウド化されるため、インフラ機器類にかかるコストが削減できる

デメリット

デメリットとしては、次のようなものが考えられます。

- BCP（Business Continuity Plan：事業継続計画）や冗長構成、スケールイン／スケールアウトといったクラウドの特性を活かすことが難しい
- 想定していたほどトータルコストが下がらない

AWSへ移行するという観点では、このパターンでの移行はあえて言えば「日和った選択肢」と言えます。「クラウドエンジニア」としては、よりよいアーキテクチャを提案していきたいところです。そうなると、少なくとも次項のような移行パターンを検討することになります。

● 3. 部分的にAWSサービスを 組み合わせる

このパターンでは、既存のシステムをクラウドへ移行するのに合わせて、部分的にAWSのサービスと連携することで、パブリッククラウドならではのメリットを享受できます。

メリット

この場合のメリットは、2のパターンに加え、以

109

特集3
クラウド構築&運用の極意

下のことが考えられます。

- 既存のアプリケーションの変更を最小限で済ますことができる
- データ量上限の制限やBCP対応など、オンプレミスでは難しい部分を解決できる

たとえば、WebサーバやアプリケーションサーバはEC2上に構築しますが、DBサーバにはRDS（Amazon Relational Database Service）を利用することができます。RDSでは、AWSがインフラのめんどうを見てくれるのはもちろんですが、スナップショットの作成やフェールオーバー、複数のアベイラビリティゾーン（AZ）やリージョン（国！）をまたいだレプリケーションなどができます。

ほかにも、EC2のスナップショット（AMI）を定期的に取ることで、サーバイメージをまるごとバックアップすることが可能です。AMIは変更差分のみが課金対象となりますので、コスト効率もよく、AMIからEC2を簡単に起動することができるので安心です。

また、仮想サーバのスナップショットではなく、データ単位で保存するにはS3（Amazon Simple Storage Service）が適しています。

S3は99.999999999％の耐久性を持っており、また書き込みと同時にリージョン内の3つの別地域にあるデータセンターにコピーされるため、BCP対策も万全です。

アクセスする頻度によって低頻度アクセスの設定にすることで単価を低く設定したり、即時取り出す必要がなければGlacierに保管することでコストを圧縮することが可能です。画像などの配信に利用することもできます。

デメリット

このパターンでのデメリットは以下のとおりです。

- 多少とはいえ、アプリケーションの改修が必要

になる
- 結局、EC2やRDSを利用するため、コストメリットは限定的
- コストの見積りが難しくなる

とくに、アプリケーションの改修はクラウドの機能を使おうとするほど高額となり、いっそ作りなおしたほうがいい場合もあるかもしれません。また、RDSはともかく、S3を始めとする従量課金サービスを組み合わせると、オンプレミスの保守料などと違い、見積りが難しくなります。

4. 新規開発する（クラウドネイティブ）

そしてもちろん、クラウドに最適なアーキテクチャによってシステムを新規構築、再構築することで、クラウドのメリットを最大限に活かすことができます！

メリット

次のような点がとくに挙げられるでしょう。

- 本当の意味で使った分だけ課金されるので、コストが最適化される
- AWSがミドルウェア以下を管理するようになり、インフラ保守の手間がなくなる
- サーバレス構成にすれば、スケールイン／スケールアウトに対応しやすくなる

実は、AWSを使う場合、利用料全体に対してEC2やRDSなどの仮想サーバを立ち上げるサービスのコストが支配的です。クラウドネイティブな構成にすると、EC2やRDSを前提とする必要がなくなるため、コストの削減が可能になります。必要なときに必要なだけのリソースを使うことができたり、OSやミドルウェアのめんどうも見なくて済むなど、多くのメリットがあります。

東急ハンズの場合、以前からテキストファイルベースでの内製基幹システムが稼働していたこともあり、RDBMSを使わずにAmazon DynamoDBやS3をデータベースとして使う方法でシステムを

移行しました。

S3はファイル単位で保管できるストレージサービスなので、通常はDB用途での使用は推奨されません。また、DynamoDBはいわゆるNoSQLなので、在庫計算などが必要なECサイトに適用するのは珍しい事例ではないかと思います。

それでも、サイジングが不要なことや、コスト最適化、スケールアップの自由度などを考慮したうえで採用しました。

ECバックエンドでのDynamoDBについては、後半のパートで詳細を説明します。

デメリット

ただし、既存の考え方を大きく変えるとゼロベースでの設計が必要になる場合もあり、想定外の事象に悩まされることもあります。

デメリットとしては、以下のようなものがあります。

- アーキテクチャが大きく変わることも多く、考え方を変える必要がある
- とくに基幹システムなどエンタープライズ用途の場合には、関係各所を説得する必要がある

上層部や品質担当だけでなく、アプリケーションエンジニアから反対される場合もあるようです。本書でクラウドのメリットとデメリットを把握し、しっかりと話をしていくことが重要です。サーバレス設計は、とくに考え方を変える必要があると思います。

ハンズラボのAWS移行事例

前節を踏まえて、東急ハンズとハンズラボが実際に移行を行ったサービスの事例を紹介します。

● ファイルサーバの移行

東急ハンズでは2012年からAWSを活用していますが、まずオンプレミスデータセンターとAWS VPCとの間にDirect Connect専用線を敷きました（図2）。

先述のとおり、クラウドへの移行については「業務影響の少ないところから」という考えは捨てていました。そこで、初期に移行したものの中にファイルサーバがあります。

ファイルサーバはもともと、オンプレミスなWindows Serverを構築し、バックアップにArcserve

◆図2　2012年当初のネットワーク構成

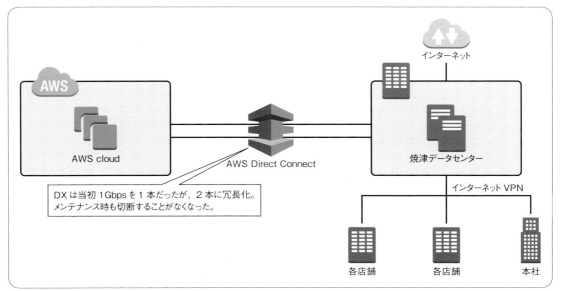

を使用していました。新たなファイルサーバを構築するにあたり、サービスはStorage Gateway（キャッシュ型）を選択しました。理由は次のとおりです。

1. S3がバックエンドのため、必要なデータ量のみが課金になる。容量の拡張が可能
2. スナップショットを取ることが容易。また復元も早急に可能。Arcserveの分のコストも削減できる

システム構成は図3のようになります。
Storage Gatewayは各種仮想化アプライアンスに対応していますが、オンプレミスからAWSへの移行を前提としているので、EC2を構築し、そこにGatewayをインストールしました。Gatewayタイプはボリュームゲートウェイとし、iSCSIインターフェースにより、Windows Serverへマウントできるようにします。そして、Windows Serverの機能でファイルサーバとしてLAN内に公開するという流れです。

Storage Gatewayの課題

さて、Storage Gatewayの導入後はいくつか課題がありました。

1. オンラインでExcelなどを編集しているユーザが多いと、スループットが極端に遅くなる
2. Storage Gatewayの応答が突然なくなる

1に関しては、Gatewayのキャッシュを大きくすることで対処しました。Storage Gatewayはバックアップを想定したサービスであり、またキャッシュ型の場合はS3へ直接読み書きするという構成から、キャッシュにヒットしないとS3の速度に引っ張られ、レスポンスが低下します。

◆図3　Storage Gateway構成図

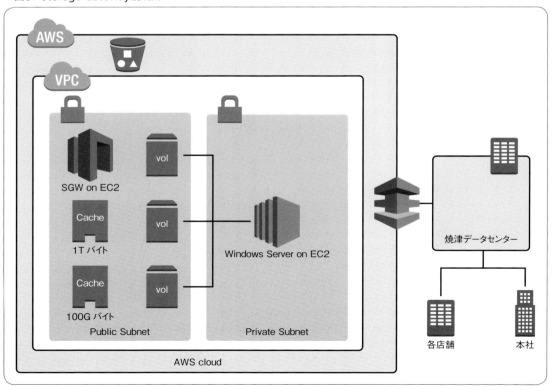

そのため、キャッシュに割り当てるEBSボリュームを当初の100Gバイトから1Tバイトに変更し、こうすることで問題になるほどのレスポンスの低下は起きなくなりました。

致命的なのは2の「応答がなくなる」ですが、これは何度か起きたため苦労しました。インフラレイヤではなく、ミドルウェアが停止していたようですが、AWSのサポートに問い合わせても原因の特定にはいたりませんでした。

Windows自体を再起動することで復帰はしますが、やはり全国の数千人のユーザが使うものですから、止めることは好ましくありません。

もし今構築するなら

もし今、Windowsでファイルサーバを構築するのであれば、EC2にWindows Serverを構築し、大量のEBSを搭載するのがお勧めです。当時は、最大で2TバイトまでしかEBSを搭載できませんでしたが、現在は16Tバイトまで拡張可能になっています。

アクセス量に応じて、ネットワークI/Oが高速なインスタンスタイプを選択し、EBSもプロビジョンドIOPSを設定することで、簡単に構築することができるでしょう。結局、EC2でGatewayを構築するので、素のEC2を建てるのとコストはあまり変わらないと思います。

パッケージサーバの移行

パッケージをAWSへ移行するパターンも早期に実施しています。当時利用していたPOSレジは、各店舗に「店舗サーバ」と呼ばれる機器が設置されていました。店舗サーバは、1店舗出店するごとに2台用意しなくてはならず、ハードウェアを含め保守管理が必要でした（図4）。

そこで、このサーバをAWSにすればハードウェアの調達が迅速にできるようになり、ハード

◆図4　店舗・POS間のネットワーク図

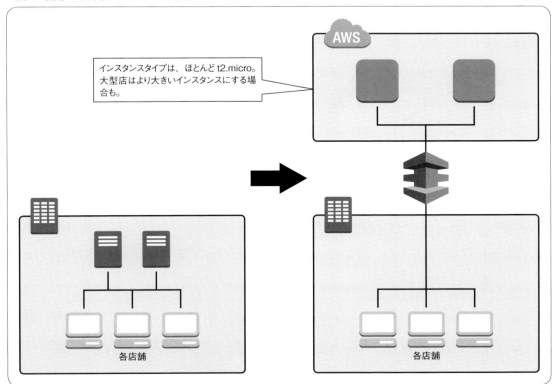

特集3
クラウド構築&運用の極意

ウェアの保守が不要になるということで移行を検討しました。

さて、この移行ですが、アプリケーションはベンダのものですし、弊社で勝手に移行するわけにはいきませんのでベンダに依頼して実施しました。

仮想サーバとはいえ同じWindows Serverですから、大きな課題もなく移行できたそうですが、1点だけ問題がありました。それは、レジをサーバから自動起動（Wake-on-LAN）するためのマジックパケット送信ができないということでした。

クラウドでは、物理的にはサーバもネットワークもほかのアカウントと共通ですから、そこにブロードキャストパケットを流すことが許されなかったのだと思います。

この事例では、Wake-on-LANを諦めて、時間起動とすることで対処しましたが、オンプレミスで当たり前のことがクラウドではできなかったという事例になりました。

● 内製システム

さて、東急ハンズの基幹システムに関しては、長い時間をかけて作業してきました。

周辺システムから始める

先述のとおりですが、まずは基幹システムを残したまま、周辺機能の内製化を進めてきました。内製部分はオンプレミスで対応していましたが、いざ本体の商品系基幹システム（MDシステム）を移行するというところで、よりクラウドに近づけたアーキテクチャを採用しています。

パターンで言えば、新規開発と部分的なAWSサービス活用の両方になります。

MDシステムの構成

新たなMDシステムについては、図5のような構成でデータ更新を行っています。

◆図5　MDシステムデータ更新イメージ

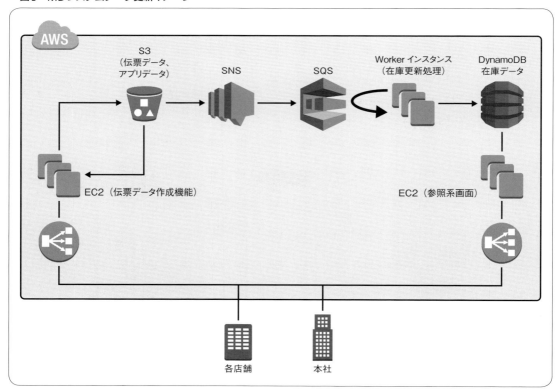

このシステムは、引き続き内製要員が運用できるようにユニケージで構築をしていますが、データの保管などはDynamoDBやS3を活用しています。基本的なデータはS3へ保管していますが、多くのアクセスが見込まれる場所にはDynamoDBを採用して、高速なレスポンスを担保しています。

ここで課題となったのは、S3の書き込みの結果整合性という特性です。

S3は裏側では3ヵ所のデータセンターに書き込んでいるという特性上、ある書き込みが反映されるまでに時間がかかることがあります。結果的には（最終的には）、書き込んだデータの整合性が担保されるというのがS3ですが、このラグが10秒にもなる場合がありました。つまり、10秒以内にこのデータを取得しようとすると、更新前のデータを受け取ることになります。データを上書きするような運用の場合、設計に注意が必要です。

基幹システムについては、少し古いですがコンセプトについて話した資料注2があります。

また、基幹システムと並行してECサイトやポイントシステムについてのAWS化を進めていますが、こちらはよりクラウドネイティブな設計となっています。このあと、後半はこれらをより詳細に説明していきます。

■ 東急ハンズのポイントシステムとECの取り組み

ハンズラボでポイントシステムを担当しているITエンジニアの吉田です。

後半は、東急ハンズの会員システム「ハンズクラブカード」とECサイト「ハンズネット」の事例を紹介します。

オンプレミス環境をAWSクラウド環境へ移行し、実際に運用するうえでつまずいたポイントなど、これから移行する方の転ばぬ先の杖になればさいわいです。

■ 東急ハンズポイントシステム

東急ハンズでの買い物で利用できる会員制ポイントサービス「ハンズクラブ」は、有効会員数が500万人を超えるポイントシステムです。このシステムは現在、100％AWSクラウド上で稼働しています。多くの実店舗とECサイトで利用されるポイントシステムは高い可用性が求められます。

また、東急ハンズで年に一度開催される大バーゲン「ハンズメッセ」では、通常時の数十倍の規模となるトランザクションが発生するため、従来の最大値に合わせたサイジングでは平常時に大きな無駄が生じていました。

クラウド環境への移行時に、**クラウド環境に即した構成**へアーキテクチャを刷新することで、データの堅牢性やシステムの可用性、トランザクションに応じたスケールなど、クラウドならではの恩恵を最大限に享受できるようになりました。

● 旧システムの課題

図6は、移行前のポイントシステムの構成図です。

東急ハンズのシステムは前半でも触れた**ユニケージ開発手法**を用いており、DBを使用せずテキストファイルを用いて顧客情報を管理していました。

移行前のポイントシステムは、2台の物理サーバを**rsync**することで更新された顧客情報の管理をしていましたが、この部分が原因の不具合を抱えていました。

ファイルシステム上の課題

移行前のシステムでは、顧客情報を記したテキストファイルをUNIXのディレクトリ構造を利用して管理していました。会員番号でプレフィックスを区切り、顧客情報を記したテキストファイルを格納していきます（図7）。

注2）https://www.slideshare.net/ktabei/ss-46130308

115

特集3
クラウド構築&運用の極意

◆図6 旧ポイントシステム構成図

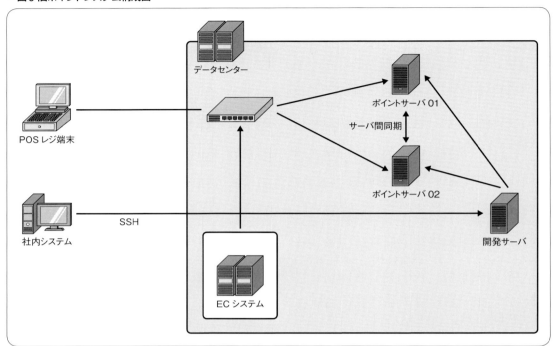

◆図7 ディレクトリ構成の解説図

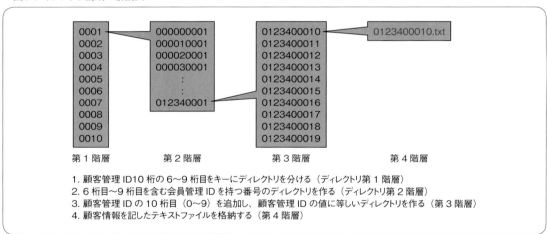

ディレクトリ管理の方法については、

- 顧客管理用IDと顧客情報は1対1で紐付いている
- 顧客管理用IDは数値10桁を文字列として扱う

という前提があります。そのうえで、以下のような方法で管理しています。

1. 顧客管理用IDの6〜9桁目をキーにしてディレクトリを分ける
2. 6〜9桁目で分けたディレクトリの数値を含むID（1〜9桁目）のディレクトリをディレクトリ配下に作成する
3. 2で作成したディレクトリ配下に10桁目（0〜9）を追加した顧客管理IDに等しいディレクトリを

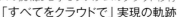

作成する

4.3で作成したディレクトリに**顧客管理ID.txt**の形式で顧客情報を記したテキストファイルを格納する

図7のようにテキストファイルを配置していくことで、UNIXの`find`コマンドを用いて顧客情報を検索できるようにしていたのですが、ディレクトリ階層が深くなり**ディレクトリが90万を超えた**あたりから`find`コマンドが正しく動作しなくなる現象が起きるようになりました。このため、一部データを適切に取得することができなくなりました。

また、この頃から`inode`番号が枯渇し、データ領域には十分な空き容量があるにもかかわらず、ログやその他のテキストファイルが正常に作成されない現象も発生していました。

移行前のシステムは、ハードウェア上の限界に直面していたこともあり、移行に伴いシステム構成を大きく変える選択をしました。

データ連携の課題

図8のように、移行前のシステムで採用していた連携方式（先述の`rsync`を用いたサーバ間のテキストファイル同期）では、更新されたデータが同期される前に読み込まれた場合、正しい情報を取得することができないという問題がありました。

つまり、同期が完了していないほうのサーバへ情報を取りに行った場合、更新後のデータを取得することができず**新規入会した会員が存在しない、ポイントが付与されていない**といったこと起きてしまいました。

このような問題があったため、新システムではデータ量が増えても安定した性能を発揮し、データの一貫性を保証する、そして繁忙期の負荷に耐え切ることができるデータストアを選択する必要がありました。

新システムの設計と移行

図9は、新ポイントシステムの構成図です。新システムでは、DBとしてDynamoDBを選択しました。DynamoDBは「KVS（キー・バリュー・ストア）」と呼ばれる、一意のキーに対して値を格納していくタイプのDBです。DynamoDBはRDSなど一般的なRDBMSと異なり、SQLを用いて読み書きするわけではありません。AWSが提供するDynamoDB用のAPIを用いて操作する必要があります。

◆図8 サーバ間同期

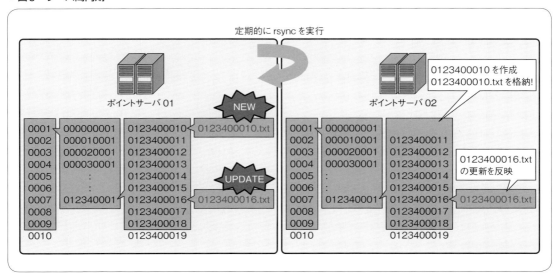

特集3
クラウド構築&運用の極意

◆図9 新ポイントシステム構成図

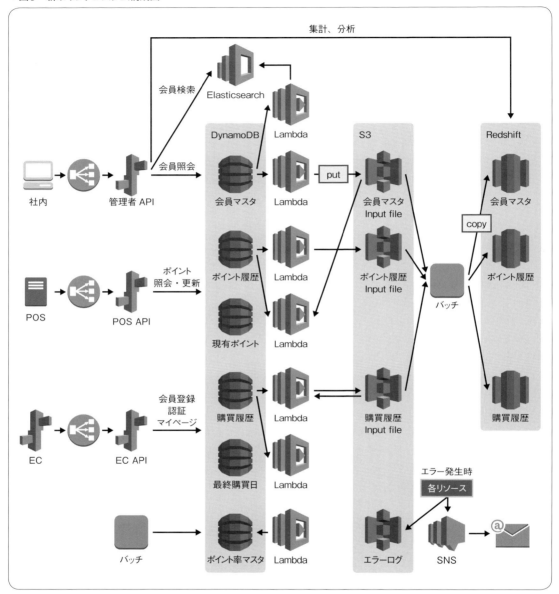

　DynamoDBは保存するデータの上限がなく、データの読み書きに整合性があり、想定されるトランザクション量に対して事前にキャパシティを確保することで、事前に見積もったトランザクション量までは大量のアクセスが来てもさばき切ることができます。これらの特徴が移行前のシステムの問題を解決することができると考え、新システムのDBとして採用しました。

　しかし、DynamoDBはその性質上、会員顧客情報の集計などの用途には向かず、そのままでは集計業務が必須であるポイントシステムを運用することができないという問題がありました。そこで、新システムではDynamoDBのほかに、**Redshift**と**Elasticsearch**を組み合わせて利用することにしました。

　また、各サービス間のデータ連携にはAWS

◆図10　DynamoDBから各サービスへのデータフロー図

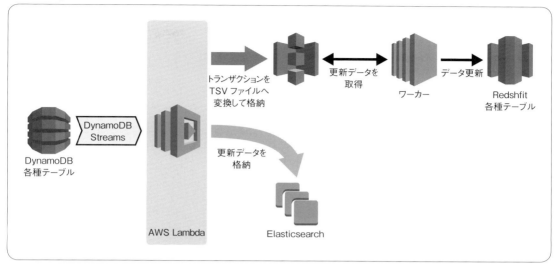

Lambdaを用いて、サーバを使用せずにイベント駆動でプログラムを実行させる方式を選択しました。

図10で示すように、DynamoDBに登録されたデータを起点としてAWS Lambdaが起動し、さまざまなサービスへデータ連携を行っています。

この結果、「サーバのリソースが不足してプログラムが正常に動作しなかった」などの運用上のトラブルをなくすことができました。

移行後のシステムでは連携データを時系列でプレフィックスを区切り、S3に格納しRedshiftへ連携しています。このS3のデータ構造は、オンプレミス時代のデータ構造をもとにした設計ですが、時系列でプレフィックスを区切っているため、移行時にはなかったAWS AthenaやRedshift Spectrumといった新しいサービスでも効率的にデータを読ませることが可能になっています。

DynamoDBに対する柔軟な検索

ポイントシステムでは、日々の運用でさまざまな角度から会員を検索します。会員番号以外にも、メールアドレスの一部、名前の一部、電話番号など一部だけしかわからないような状況でも特定の顧客情報を取り出すことができなければ業務要件を満たすことができません。しかし、DynamoDBだけではそのような検索をすることはできません。また、Redshiftへつどクエリを投げるのはレスポンスの関係上あまり好ましくありませんでした。

そこで、DynamoDBへ格納されたデータをS3に連携する際、同時にAmazon Elasticsearch Serviceへデータを書き込むことにしました。Elasticsearch ServiceはElasticsearchのマネージドシステムで、インデックスに対しての全文検索が可能なため、名前やメールアドレスの一部から会員番号を特定するといった用途に向いていました。

この方式を採ることでDynamoDBの情報をさまざまな角度から検索することが可能になりました。

図11は、実際に使用している会員詳細の検索画面です。Elasticsearchを組み合わせることで、このようにさまざまな角度から会員の検索ができるようになりました。

データの移行

図12のように、オンプレミス環境からのデータ移行に関しては移行用のAPIサーバをAWS環境上に大量に用意し、多重並列的に書き込むことでごく短時間で移行させました。

移行時は、DynamoDBのキャパシティを大幅に引き上げることによって膨大な量の書き込みを実現させました。

特集3 クラウド構築&運用の極意

◆図11　会員検索画面

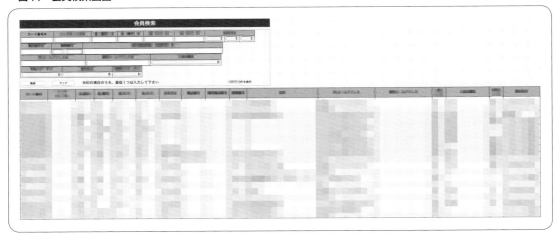

◆図12　オンプレミスからAWSクラウドへのデータ移行

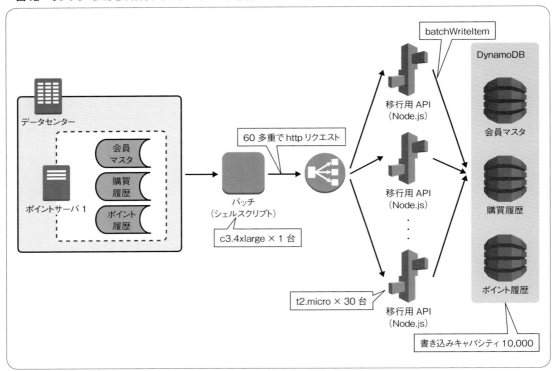

　DBのマイグレーションでは、通常データ構造の違いで非常に手間がかかってしまいますが、移行先がDynamoDBであったため各レコードが持つカラム情報に制約がなく、データ移行をスムーズに進めることができました。

　移行が完了し、システムを刷新することで以前の問題は解決することができました。しかし、オンプレミス時代は考えもしなかった、DynamoDBやLambdaを使った構成に起因する新たな問題に直面しました。

◆図13 ポイント更新Lambdaのフロー図

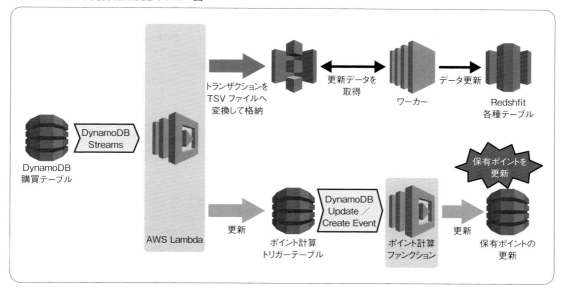

クラウド環境ならではの問題

図13はポイントの更新フローを図解したものです。会員の保有ポイントの計算は、トリガーとなるDynamoDBのテーブルにデータが書き込まれると、その書き込みをフックしてポイント計算用のLambdaが実行され、最新のポイント情報を反映するといった構成になっています。ネットワークや想定外のデータ、エラーなど、何らかの原因でLambdaが正しく実行されなかった場合、更新が漏れてしまうといった問題が発生しました。

エラー発生個所特定の難しさ

当初、スクリプト内で発生したエラーを出力していましたが、多くのサービスを組み合わせて一連の処理を完了させているため、単一のLambdaで発生したエラーだけを出力していても、どこの処理が原因で更新漏れが発生したのかを検知することができませんでした。

そこで、新たなしくみを導入し、複数のチェックを組み合わせて抜け・漏れなく処理が実行されたかを確認できるようにしています。従来のバッチ処理とは異なる、イベント駆動型の難しさはこういうところにあるのだと痛感しました。

単一の小さな問題から飛び火して大きな障害に

会員の購買履歴に関しては、ネットワーク障害などが原因でDynamoDBに購買のデータが書き込まれていない可能性があるため確認用のしくみを導入しました。

POSのトランザクションログとRedshiftに格納された購買履歴のデータを突き合わせ、万一DynamoDBへ書き込まれていないデータがあった際はデータをリカバリするというしくみで、書き込み漏れの検知を行っていました。

あるとき、DynamoDBからRedshiftへデータを連携する処理が、システムの不具合で長時間止まってしまったことがありました。集計自体は日次のバッチ処理のためこの時点ではユーザへの影響はありませんでしたが、前述のリカバリはRedshiftのデータを集計して対象を特定するため、データ連携が遅延していた期間のデータをすべて書き戻してしまいました。

このように、複数のサービスを組み合わせて使用する場合、単一では大きな問題にならなくても、全体として大きな障害を引き起こしてしまうケースもあります。

複数のサービスを連携してデータの管理を行う際の難しさを痛感した障害でした。

特集3
クラウド構築&運用の極意

Lambda から Redshift を更新する難しさ

Bashスクリプトを書いていると、「実行したファイルが実行時に上から下へと動く」というのは当たり前のことです。しかし、イベントに応じて処理を実行するAWS Lambdaを使用しているとそうではありません。

RedshiftとLambdaの連携では、Redshiftの仕様ならではの問題にも直面しました。Lambdaが複数回実行されてしまい（Lambdaは複数回実行されてしまうことがある）、同一データがRedshiftへ複数件投入されてしまったのです。通常、RDSなどを使用していれば同一データは上書きされますが、Redshiftでは2件、3件と同一データが格納されてしまいます。

そのため、定期的に重複したデータがないか確認するなどのチェック機能を作成し対応していますが、Lambdaを用いたデータ連携にはつまずくポイントが多くありました。

「LambdaからアドホックにRDSを更新しようとすると、RDSの接続上限を超えてしまう」という話を以前耳にしたことがありました。弊社のLambdaからRedshiftへの連携も同様の問題に直面しました。

DynamoDBの更新をトリガーにしてそのまま実行してしまうとすぐにコネクションが限界を超えてしまいます。この問題に対処するため、Redshiftへの取り込みはS3からまとめてコピーすると早いという特性を活かし、S3を介して取り込む方法を採用しました。いったんS3を介してデータを連携しているため即時反映はかないませんが、**昨今の主流であるデータはいったんS3に集積し、複数のサービスで活用する**ことが可能となっています。

複数のサービスを組み合わせて使用する際は、一度S3にデータを集積することをお勧めします。

● その後の改善

移行時にはできなかったことも新しいサービスの登場によってできるようになるのがクラウドの利点だと思います。AthenaやRedshift SpectrumなどS3上のデータをそのまま使用できるサービス

や、データ連携時のETLを任せてしまえるGlueなど、より省力的に、より安定したシステムになるよう現在も日々新しい技術を取り入れています。

■ 東急ハンズネットストア

東急ハンズネットストアは、東急ハンズの通販サイトです。東急ハンズの店舗で取り扱っている商品を中心に、約6万点の商品を取りそろえています。東急ハンズのネットストアは自社ECサイト以外にも外部の通販サイトも利用しており、そのすべての在庫連携を内製システムで運用しています。

● 旧システムの課題

オンプレミス時代のシステムはユニケージ開発手法で作られたものであったため、HTTPリクエストをトリガーとして種々のシェルスクリプトが結果を返し、1つのWebシステムとして動作していました。そのため、ポイントシステム同様、スパイクに対応することができませんでした。

移行を機にECサイトもクラウドネイティブに一新することになり、シェルスクリプト製だったWebシステムをPHPで書きなおすことになりました。

● 移行のステップ

ECシステムは段階を踏んで移行を実施し、移行したシステムを少しずつ更改していくという方法で進めていきました。

第1段階として、オンプレミスで動いていたシステムをそのままクラウド環境に移し運用を開始しました。AWSには、負荷に応じてサーバの台数を増減させる「AutoScaling」と呼ばれる機能があります。ECサイトのバックエンド処理を提供するAPIサーバへのトラフィック量が増えてもECサイトに影響しないよう、AutoScalingを組み込みました。

単純移行の落とし穴

システムのデータはテキストファイル形式で各

サーバに保持していたので、ポイントシステムと同様にrsyncを利用してサーバ間の同期を取っていました。AutoScalingを導入した結果、負荷に応じて設定どおりにサーバの台数が増加しました。各サーバに負荷が分散するため、システムは安定して稼働する想定でした。

しかし、データをサーバ間でrsyncするしくみがボトルネックとなり、台数が増えると同期対象が増えてしまい、最終的には同期することができなくなりサーバが落ちてしまうという障害が起きてしまいました。

図14のように、各サーバに腹持ちしたデータを同期しているため、サーバの多重化には限界がありました。

このケースのように、ただクラウド環境にサーバを載せ替えてクラウドの恩恵を享受しようとしても、システムの構成がクラウドに則さないものを利用している場合、運用を楽にするはずのサービスが障害を引き起こす原因を作ることもあります。

ただ単にサーバの場所を変えるだけでなく、サービスの恩恵を享受できるようにしくみを変更していくことが大切なのだと身をもって学びました。

● 移行後の改善活動

システムをAWSクラウドへ移行し、機能ごとに切り出してシステムのPHP化、データのDynamoDB化を進めていきました。

システム移行完了後、オンプレミス時代には負荷に耐えられずにサイトがダウンしてしまったハンズメッセでも、安定して稼働することができました。

DynamoDBの負荷の見積り

ハンズメッセを乗り越えてわかったことは、DynamoDBのキャパシティ見積りの難しさでした。初回は耐えることができましたが、安全値を多く取り過ぎてしまい、**費用が通常では考えられない金額**（AWSから利用確認の電話がかかってき

◆図14 bash-apiサーバ

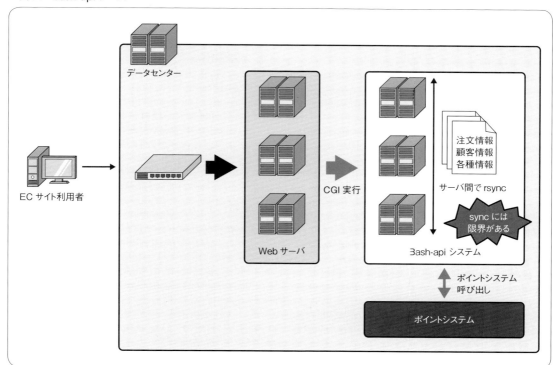

特集3

クラウド構築&運用の極意

たほど)になってしまいました。

以後、負荷試験を繰り返し、適切な設定値を探っていますが、キャパシティの見積りがDynamoDBを使用するうえでとても大切なポイントになっています。

DynamoDBのパーティション分割

東急ハンズのシステムでDynamoDBを利用していて一番問題になっているのが、DynamoDBのパーティション分割問題です。

DynamoDBは内部でパーティションを自動的に分割しますが、一度分割されたパーティションはマージされることはありません。DynamoDBのキャパシティはすべてのパーティションで共有されるため、仮にパーティションが10に分割した場合に全体では100の読み込みキャパシティを指定したとしても、各パーティションでは10しか使用することができません。このため、アクセスが集中するパーティションがあると、指定値を下回っている状態でスロットルエラーが発生してしまいます。

パーティションを分割していてもこの問題に対応できるように、かなりな余剰キャパシティを確保しておく必要があるため、キャパシティの見積りが難しくなり、費用もかさんでしまっています。

この問題については、弊社のブログ注3で詳しく説明しています。

必要なときにEC2を立てられないかもしれない

システムを刷新し、台数を増やすことでサーバが停止してしまう問題は解決したため、負荷に即した台数でハンズメッセを乗り越えられるようになりました。

クラウドらしく、API1つでサーバを増やすことができると考えていましたが、「大量にEC2を必要とする場合」「AWSのリソースが足りない場合」「必要数を確保することができない場合」があることがわかりました。これに対し、ハンズメッセ当日にサーバが足りなくなることを避けるため、少し前

から余裕を持って確保することで対処しています。

RI(リザーブドインスタンス)を購入しておくことで、必要なインスタンスを確保することができないということはなくなりますが、ハンズメッセは1年に1回ごく短期間で開催されるため、RIの購入はコストがかかり過ぎます。このため、使用する少し前から必要数を持つ方法でリソースを確保しています。

こうした広く推奨されている以外の自分たちのシステムに合った方法を柔軟に選択できるのもクラウドの利点だと思います。

運用して適したものに置き換えていく

移行時にメインのDBとしてDynamoDBを選択しましたが、テーブルの性質上、RDSのほうが向いているものも数多く存在しました。

そこで、必要に応じてDynamoDBからAmazon Auroraへデータを移し、システムの最適化を続けています。

このように「作ったら終わり」ではなく、最初の一括移行では難しかった部分も日々改善していくことで安定したシステムを目指しています。

最後に

東急ハンズのクラウド環境への移行と、実際に移行したときに起きた障害などを紹介してきました。

オンプレミス環境からクラウド環境への移行は、大きな障害や大胆なシステム変更などがつきものなのかもしれません。従来では考えもしなかった障害やつらさなどもあるかと思います。

しかしそれ以上に、今まで苦労して管理していた部分をアウトソースできること、必死になって作っていた機能をAPI1つで利用できる恩恵はとても大きなものです。

冒頭で田部井が述べたように、これからクラウドへのシステム移行を考えている方々の参考になればさいわいです。

注3) ハンズラボ技術ブログ「DynamoDBのパーティション分割問題について」https://www.hands-lab.com/tech/entry/1592.html

第4章 サーバレスで構築するSPA&バックエンド
API Gateway／Lambda／DynamoDBを大活用

石川 修
Osamu Ishikawa

本記事では、筆者が所属するNRIネットコムが開発に携わったAngularを利用したSPA（Single Page Application）と、API Gateway／Lambda／DynamoDB／Cognitoユーザープールを利用したサーバレスアーキテクチャのバックエンドを紹介します。このアーキテクチャによって、より複雑化する要件にも柔軟に対応し、運用コストの削減を実現できました。

システムとプロジェクトの概要

まず、今回構築したシステムについて、開発にいたった背景やその要件を簡単に説明します。システムは、自社が提供するB2B2CのWebサービスで、企業単位で導入していただき、その企業の従業員に対して健康イベントなどを告知・参加募集できるようにする機能を提供するものです。ローンチ時にはスモールスタートし、スケールアウト可能なシステムが求められました。

システムは次のサブシステムから構成され、従業員向けフロントエンドをプロジェクトの初期フェーズのスコープとしました。

- 従業員向けフロントエンド
- 従業員向けネイティブアプリケーション
- 企業管理者機能
- 外部イベント担当者向け機能
- システム管理者機能

上記のとおり、さまざまな立場にいるユーザーが1つのシステムを利用するため、各システムで認証を行うのではなく、認証情報のみを管理する認証基盤を構築したほうがシステムの役割を分離することができると判断しました。

企業の従業員はエンドユーザーであると同時に、企業の管理者であることが想定されます。そのため、ユーザーごとにロールを付与し、ロールごとに権限制御を行うロールベース権限制御を行うことにしました。

アーキテクチャ概要

本システムは、すべての要素においてAWS Lambdaマネージドサービスを利用することによりサーバレスアーキテクチャを実現しました。システムの概要図を図1に示します。従業員ユーザーが閲覧するフロントエンドアプリケーションについてはシングルページアプリケーション（以下、SPA）とし、Amazon CloudFront + Amazon S3を利用して配信します。Web APIではAPI Gateway経由でLambdaを実行し、DynamoDBへアクセスします。認証・認可についてもCognitoユーザープールを利用し、サーバレスを実現しました。

以降では、アーキテクチャ検討時に考慮した点や問題点、実装時に問題となった点などを紹介します。

フロントエンドアプリケーション

前述のとおり、ネイティブアプリケーションの開発が予定されておりWeb APIの開発が必要になることが必然だったため、「フロントエンドもそのWeb APIを利用することができれば、開発する成果物を減らすことができるのではないか」という思想からSPAが候補に挙がりました。最終的にはSPAを採用しましたが、SPAには後述するメリッ

特集3
クラウド構築&運用の極意

◆図1 システム概要図

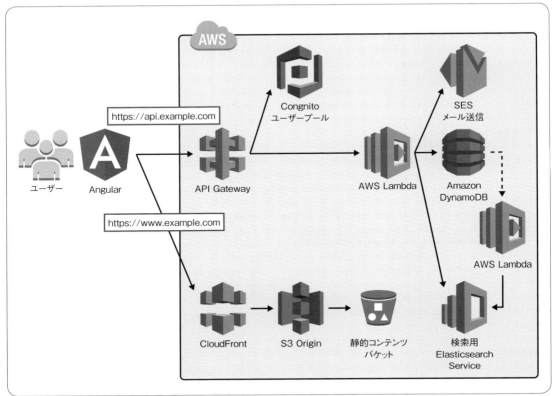

トだけではなくデメリットもありました。

SPAのメリットとデメリット

メリットは次のとおりです。

- Web APIを共有できる
  前述のとおり、ネイティブアプリケーションや外部システムなどがWeb APIを利用できる

- サーバレスを実現できる
  動的な画面はWeb APIを実行してブラウザ上でレンダリングを行うため、フロントエンドアプリケーションは完全な静的ファイルで構成することができる。そのため、CloudFrontとS3で配信を行うことでサーバレス化が可能になる

- サービスの停止なしにリリースできる
  静的ファイルなのでS3へのファイルアップロードのみでリリースを完結させられる

- チームごとの責任分界点を明確にできる
  画面のデザインおよびUIの挙動を担当するフロントエンドチーム、APIのバックエンドアプリケーション／データを管理するアプリケーションチームに分かれ、チームごとに役割・責任範囲を明確にすることができる

- ページの一部を書き換えることで高速でスムーズなページ移動（UX）が実現できる
  ページ全体をロード、レンダリングするよりもページの一部分のレンダリングに必要な情報をAjaxで取得し、その部分だけをレンダリングするほうがはるかに高速になる

一方、デメリットは次のとおりです。

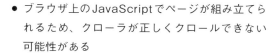

- ブラウザ上のJavaScriptでページが組み立てられるため、クローラが正しくクロールできない可能性がある
本システムでは多くの画面が認証を必要とし、検索エンジン用のクローラに対する対応も不要

- ページのローディングに時間がかかる
アクセスしたページの情報だけでなく、アプリケーションすべてをダウンロードするため、通常のWebページよりもロードに時間がかかってしまう

- OpenID Connect Implicitフローを利用する必要がある
サーバからAPIを利用する場合には認可コードフローを利用するが、これにはクライアント認証情報が必要になる。しかし、ブラウザ上で稼働するSPAではこのようなクライアント認証情報を安全に秘匿することができないため、Implicitフローを利用することになる

とくに、2番めの問題には次のような策を講じることで対応しました。

- インフラレイヤでの最適化（ローカルキャッシュの有効化・HTTP2での配信）
- WebpackでのJSファイル共通化＋ツリーシェイキング（不要コードの除去）
- AngularでのAoTコンパイル＋モジュールの遅延ロード

また、3番めについて、このフローを利用する場合はリフレッシュトークンが発行されないため、

トークンの有効期限・認可画面のセッション有効期限を迎える前にトークンの再発行を行う必要があります。これについてはSPAとする以上、避けることはできませんでした。トークンの再発行については、後述のライブラリを利用することで比較的容易に実装することが可能でした。

CloudFront カスタムエラーページを利用した base パスの表現

SPAでもシーンの切り替えなど、ページの移動を行いたい場合があります。しかしシングルページのため、実際に異なるHTMLに対してリクエストを行うのではなく、アプリケーション内部でレンダリングするコンポーネントを切り替えることでページ遷移と同等のことを行う機能が存在します。この機能は、「ルータ」や「ルーティング」と呼ばれています。

AngularJS（Angular v1）では、ハッシュフラグメントを利用したルーティングを行っていましたが、Angular（v2以降）ではhtml要素にbase属性を付与することで、実際のパスを利用したルーティングを行うことが可能となっています。

- AngularJSでのパス：#/events
- Angularでのパス：/events

たとえば/a/bというパスにアクセスされた場合、実際には/index.htmlにアクセスされ、JS上でパスに従ったコンポーネントがレンダリングされます。そのため、/a/bにアクセスされた場合に/index.htmlを返却できるように、CloudFrontのカスタムエラーページを設定します（リスト1）。ただし制約として、本来の404エラーを返却できなくなってしまいますが、通常の利用には問題ないと判断し許容しました。

SSL/TLS の利用

本システムでは静的コンテンツを配信するオリジンとAPIのオリジンが異なるため、ブラウザからのAPI利用はCross Origin Resource Sharing

◆ リスト1　TerraformでのCloudFrontカスタムエラーページ設定（抜粋）

```
resource "aws_cloudfront_distribution" "main" {
  custom_error_response = [
    {
      error_code            = 403
      response_code         = 200
      response_page_path    = "/index.html"
      error_caching_min_ttl = 30
    ]
}
```

特集3
クラウド構築&運用の極意

(CORS) の設定が必須となります。さらに、認証情報（Authorizationヘッダ）を付与する必要があるため、`Access-Control-Allow-Credentials`ヘッダの設定を行うだけでなくHTTPSの利用が必須となります。

HTTPSの利用はAPIだけでなく、静的コンテンツを配信するオリジンに対しても要求されるため、開発環境でも正しい認証局によって署名された証明書を利用する必要があります。従来、SSLはおもに費用面や管理コストなどから、開発環境での利用は自己署名証明書であったりそもそもSSLを利用しないケースが多く見られましたが、AWSではAWS Certificate Manager（ACM）を利用することで無償の証明書を取得・更新できるため、開発環境にもSSLを適用することができました。

● S3への直接アクセスから
コンテンツを守る

S3には、格納されたコンテンツをHTTPのサイトとして公開する「静的Webサイトホスティング」と呼ばれる機能が用意されています。この機能を利用することで簡単に静的Webサイトを公開することが可能です。

しかし、この機能はHTTPでしか利用できないうえにバケットのオブジェクトをパブリック公開する必要があるため、セキュリティ的に問題があります。そこで、CloudFrontを利用することでHTTPSでのアクセスやプライベートバケットを実現することができます。CloudFrontでは、「オリジンアクセスアイデンティティ」と呼ばれるバックエンドS3バケット呼び出し時に特別な認証情報を付加し、S3のバケットポリシーでその認証情報を許可することでS3バケットをプライベートに保ったままCloudFrontからのアクセスを許可することが可能になっています。

● 開発・環境の保護

結合テスト・ステージング環境をAWSに構築するのは当然のことですが、これらの環境は開発者のみがアクセスできるように制限を行う必要がありました。CloudFrontではこれらのアクセス制限を行えませんが、AWS WAFを組み合わせることにより、アクセス元IPの制限を実現しました（図2、リスト2）。

◆ 図2　静的コンテンツに対するセキュリティ

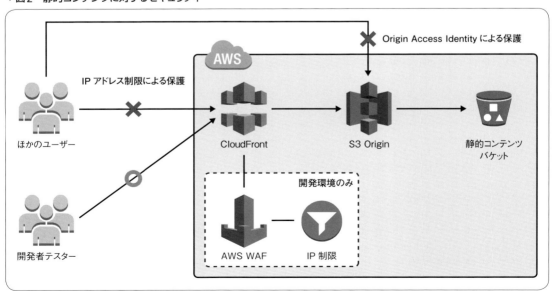

第4章
API Gateway／Lambda／DynamoDBを大活用
サーバレスで構築するSPA＆バックエンド

◆リスト2　開発環境へのアクセスを制限するAWS WAF設定（Terraform）

```
resource "aws_waf_ipset" "dev-ipset" {
  count = "${var.env != "prod" ? 1 : 0}" # 開発環境でのみ作成
  name  = "dev-waf-ipset-${var.env}"

  ip_set_descriptors {
    type  = "IPV4"
    value = "{許可するIPアドレスのCIDR}"
  }
}

resource "aws_waf_rule" "wafrule" {
  name        = "dev-waf-rule-${var.env}"
  metric_name = "DevWafRule_${var.env}"

  predicates {
    data_id = "${aws_waf_ipset.ipset.id}"
    negated = false
    type    = "IPMatch"
  }
}

resource "aws_waf_web_acl" "waf_acl" {
  depends_on  = ["aws_waf_ipset.ipset", "aws_waf_rule.wafrule"]
  name        = "dev-waf-webacl-${var.env}"
  metric_name = "DevWafWebACL_${var.env}"

  default_action {
    type = "BLOCK"
  }

  rules {
    action {
      type = "ALLOW"
    }
    priority = 1
    rule_id  = "${aws_waf_rule.wafrule.id}"
  }
}

resource "aws_cloudfront_distribution" "frontend_distribution" {
  # 開発環境でのみ作成
  web_acl_id = "${var.env == "prod" ? "" : format("%s", aws_waf_web_acl.waf_acl.id)}"
}
```

● SPAでのOpenID Connect

　SPAのデメリットにも記述したとおり、OpenID Connectにはトークンを取得するフローがいくつか定義されており、アプリケーションサーバなどのクライアントシークレットを安全に保存できるクライアントの場合は認可コードフローを、SPAなどのブラウザ上から利用する場合は、クライアントシークレットを安全に保存することができないため、Implicitフローを利用します。

　トークンの発行を要求しているクライアントを検証する方法は認可フローによって異なります。認可コードグラントを利用している場合は、認可コード発行時に`redirect_uri`とトークン発行時にクライアントシークレットの2つで検証できますが、この場合はクライアントシークレットを安全に保存することができないため、トークン発行時の`redirect_uri`でしか検証することができず、`refresh_token`を利用したトークンの再発行が利用できません。

　通常のWebアプリケーションにはセッションという考え方があり、ユーザーの最終操作つまり最終リクエストから一定時間経つと無効化されセッションタイムアウトとなりますが、トークンを利用する場合はトークン発行時点で有効期限が決まってしまうため、ユーザーの操作に関係なくタ

129

特集3 クラウド構築&運用の極意

◆リスト3　Angular Http Interceptor での angular-oauth2-oidc の利用

```
@Injectable()
export class IdTokenInterceptor implements HttpInterceptor {
  constructor(private oAuthService: OAuthService) {}
  intercept(request: HttpRequest<any>, next: HttpHandler): Observable<HttpEvent<any>> {
    // APIへのアクセスにのみAuthorizationヘッダを付与する。実際は環境変数から取得する。
    if (/^https:\/\/api.example.com/.test(request.url)) {
      request = request.clone({
        setHeaders: {
          Authorization: `Bearer ${this.oAuthService.getIdToken()}`
        }
      });
    }
    return next.handle(request);
  }
}
```

イムアウトとなってしまいます。これでは利便性に問題があるため、トークンの有効期限が切れる前にトークンの発行フローを再実行し、トークンを再発行し続ける必要があります。

　Angular向けに、このようなOpenId Connectの利用をサポートする「angular-oauth2-oidc」というライブラリが公開されており注1、トークンの再発行を含めて処理を移譲することができました。

　APIへの全リクエストにトークンを付与する必要があるため、AngularのInterceptorを利用しました。しかし、angular-oauth2-oidcもAngularのHttpClientを利用しているため、認証関連のリクエストについてもInterceptorの対象になってしまい、処理がループしてしまいます。そのため、Interceptorを利用する場合はAPIのアクセスのみを対象にする必要があります（**リスト3**）。

API

API 方式の検討

　本システムではWeb APIの形式として、RESTful APIとGraphQLの2つの方式を検討しました。

RESTful API

　RESTful APIは最もメジャーな方式であり、Web APIと言えばこれを指すことが多いでしょう。HTTPメソッドでリソースに対するCRUD操作を表現し、URIでその対象となるリソースを表現します。

　メジャーな方式でツールのサポートやフレームワークのサポートを受けられるという恩恵がありますが、APIを利用するクライアントの立場からすると複数のリソースにまたがった情報が必要になる場合に複数回のAPI実行が必要であったり、設計されたフォーマットのレスポンスしか返却できないなどの制約もあります。

GraphQL

　一方のGraphQLは「ポストRESTful API」とも言われており、RESTful APIの不満点を解消するものです。API利用者が本当に必要な情報のみをクエリとして定義し、サーバがそれに応じたレスポンスを返すという新しい方式です。リレーションのあるオブジェクトを一度に返却してくれるのもうれしいポイントです。API利用者からするとその恩恵は計りしれませんが、APIを提供するサーバサイドでは話が変わってきます。

　複数のリソースを一度に取得することができるため、N+1問題が発生したり、クエリの処理に時間がかかりゲートウェイでタイムアウトが起きたりする可能性があるなど、その実装は困難なものになることが容易に想像できます。最終的には、検討を行った時点ではGraphQLのサーバサイドライブラリもあまり発表されておらず実装が困難に

注1）https://github.com/manfredsteyer/angular-oauth2-oidc

第4章

API Gateway／Lambda／DynamoDBを大活用
サーバレスで構築するSPA&バックエンド

◆リスト4　あるユーザーの情報を取得するRESTful API
エンドポイント

```
GET /users/:username
```

◆リスト5　あるユーザー宛に送信されたメッセージの
情報を取得するRESTful APIエンドポイント

```
GET /users/:username/messages/:messageid
```

◆リスト6　ソース管理されているアプリケーション拡張
yaml定義（Lambda統合の例）

```
x-app-lambda-integration:
  integration: lambda
  service: api
  function: list_messages
```

◆リスト7　API GatewayにインポートされるAPI Gateway設定を含んだyaml定義

```
x-amazon-apigateway-integration:
  responses:
    default:
      statusCode: '200'
  uri: arn:aws:apigateway:{region}:lambda:path/2015-03-31/functions/arn:aws:lambda:{region}: ↗
{accountId}:function:{service}-{env}-{function}/invocations
  passthroughBehavior: when_no_match
  httpMethod: POST
  contentHandling: CONVERT_TO_TEXT
  type: aws_proxy
```

なると想定されたため、慣れ親しんだRESTful
APIを採用しました。

APIエンドポイントの設計

　前述のとおり、RESTはリソースを特定するため
にURIを利用しているため、エンドポイントや
URLパスの設計が重要になります。

　GitHub APIのユーザー情報を取得するAPIを見
てみると（**リスト4**）、情報を取得するAPIなので
HTTPメソッドはGET、パスの最初にリソースの
種別（ユーザー）を表す**users**があり、ユーザーを
一意に識別するパラメータ**:username**が続いてい
ます。ある特定のユーザーを一意に特定し、情報
を取得するということがHTTPリクエストの
ファーストラインで表現できていることがわかり
ます。

　この例に従い、リソースパスは基本的に**{複数
形リソース名}/{リソースを識別するID}**という
ルールを設定、またユーザーが所有するリソース
についてはルールを繰り返すことで対応しました
（**リスト5**）。

APIの設計フロー

　APIを公開するという段階で、必然的にAPI
Gatewayの利用が決まりました。後述する
「Serverless framework」を利用することで

Lambdaとの一元したリソース管理が可能になり
ますが、今回は公開されるAPIのドキュメントも
兼ねることができる「Swagger」を利用して設計し
ました。

　API Gatewayを利用することで、HTTPのハン
ドリングやパラメータ単体のチェック、認証を
Lambda関数の実装から除外し、ビジネスの関心
事のみとすることが可能になります。

　クライアントサイド／サーバサイドAPIチーム
の両チームで意見を出し合い、その意見を設計に
反映させていくことでAPI利用シーンを考えた
RESTful APIの設計を行うことができました。

　初期の設計が終わった段階で、管理主体はAPI
開発チームに移譲されました。

Swagger定義の最適化＋APIの
デプロイ

　前述のとおり、APIの定義にはSwaggerを利用
しました。Swaggerにはユーザーが独自の定義を
追加できる仕様があり、API Gatewayに取り込む
定義ファイルはバックエンドの設定など、API
Gateway特有の設定を行えるように拡張されていま
す。しかし、この定義にはバックエンドで実装す
るLambda関数のARN（Amazon Resource Name）
や接続するAWSサービスのリソース（たとえばS3
のバケット名）を記載する必要があり、冗長なもの

131

特集3

クラウド構築&運用の極意

◆リスト8 Lambda関数への実行許可を与えるAWS CLIのコマンド例

```
$ aws lambda add-permission \
--function-name {関数名} \
--statement-id {ステートメントID} \
--action lambda:InvokeFunction \
--principal apigateway.amazonaws.com \
--source-arn "arn:aws:execute-api:{リージョン}:{アカウントID}:{ApiId}/{ステージ}/{HTTPメソッド}/{パス}"
```

◆表1 API Gatewayのオーソライザー

オーソライザー	特徴
Cognitoユーザープール認証	Cognitoを利用して認証を行うオーソライザー。最小限の設定で安全な認証を行うことが可能
カスタムオーソライザー	独自の認証基盤を利用している場合や、トークンごとにアクセス可能な範囲を絞りたいなど作り込みを行いたい場合に利用

になってしまいます。

この問題を解決するために、システム独自の定義を設定し、その定義をインポート時にAPI Gateway設定に変換するようにビルドスクリプトを作成し、冗長なコードを管理しないように工夫しました（リスト6、リスト7）。

Lambdaパーミッションの制約

Lambda関数には、実行可能なリソースの制限を行うポリシーを定義することが可能です。API GatewayからLambdaを実行する場合、API Gatewayのリソースやメソッドごとに実行を許可するポリシーを設定する必要がありました（リスト8）。

開発環境に対するデプロイはJenkinsによって自動化されており、デプロイごとに上記のようにパーミッション追加を行っていました。しかし、このポリシーには関数ごとに最大容量が定義されており、この容量を超えるとそれ以上の追加ができなくなってしまいました。対応策として、権限追加前に`GetPolicyAPI`を実行し、関数に適用されているポリシードキュメントを取得、API GatewayのAPI実行を表すソースARNが含まれていない場合のみ権限追加を行うように改修しました。

● APIでの認証

API Gatewayにはオーソライザーというしくみが用意されており、API実行時に独自の認証を行う

ことが可能なほか、API Gatewayのバックエンドで利用できる認証コンテキスト情報を返却することが可能です。現状はオーソライザーの実装としてCognitoユーザープールでの認証、またはカスタム認証として任意のLambda関数で認証を行うことができます（表1）。

オーソライザーとLambda関数での役割分担も重要な設計になりました。たとえば、イベントのデータを取得するAPIを実行した際に行われる処理は次のようになりますが、どこまでの処理をAPI Gatewayとオーソライザーに移譲するかを決定する必要がありました。

1. Authorizationヘッダの確認
2. トークンの検査
3. ユーザーの存在確認
4. ユーザーのロール（グループ）確認
5. ユーザーのロールでアクセス可能なリソースかどうかを判断
6. DynamoDBからのデータ取得、レスポンスの構築

バックエンドのLambdaに実装する処理を極力減らしたいとの思いから、1〜5までをオーソライザーに移譲させることにしました。そのため、ユーザーのグループ情報に基づいたアクセス制御を行うことができないCognitoユーザープール認証を利用せずに、カスタムオーソライザーを利用することになりました。

132

第4章

API Gateway ／ Lambda ／ DynamoDBを大活用
サーバレスで構築するSPA＆バックエンド

カスタムオーソライザー

カスタムオーソライザーは、リスト9のような認証トークン情報をもとにトークンの検証や実行可能なAPI一覧、認証コンテキストを返却するLambda関数です。

実際のLambda関数は、次のステップ1～4を処理します。

1. アクセストークン（JWT）の検証

最初に、アクセストークンが有効であるかチェックを行います。Cognitoユーザープールが発行するIDトークンやアクセストークンは、JWT（Json Web Token）という形式でJSONに対して電子署名を行いbase64urlで表現できるようにしたものです。

実際の検証は次のような複雑な手順を踏みますが、実際にはライブラリを利用することで簡単に検証できます。本システムでは、バックエンドアプリケーションがPythonで構築されていたためPyJWTというライブラリを利用しましたが、各言語で同様のJWTライブラリが開発されており、Javaであればjava-jwt、NodeJSであればjsonwebtokenなどが利用できます。

それでは、実際に検証のステップを見てみましょう。まずはトークンの署名を確認します。JWT形式トークンをパースし、JWTヘッダからキーIDを抽出します。その後、ユーザープールのJWKS_URIからJWT署名確認用公開鍵一覧をダウンロードし、キーIDをキーの署名に利用した公開鍵を特定し、その公開鍵を利用してJWTペイロードのRS256署名を作成、JWTの署名と一致することを確認します。

続いて、JWTペイロードの各項目（クレーム）を

以下のとおり検証します。

- iss：発行者（Issuer）がCognitoユーザープールのURIであること
- exp：有効期限が切れていないこと（未来日付タイムスタンプであること）
- aud：発行先（クライアント）が正しいこと。CognitoアプリクライアントIDと一致しているかを確認

すべてのクレームの検証が成立すると、トークンの検証がOKとなります。

2. Cognitoユーザープールからユーザーの情報を取得

JWT内のsubクレームの値つまりユーザーIDを引数に`AdminGetUser API`を実行し、ユーザーの詳細情報を取得します。ユーザーが存在し、ステータスを確認し有効なユーザーであることを確認します。

3. ユーザーのグループ情報・パーミッション情報を取得

Cognitoユーザープールの`AdminListGroups ForUser API`を実行し、ユーザーが所属するグループを取得、ロール情報を取得します。

4. ポリシードキュメントを生成

ステップ3で取得したユーザー、グループ、パーミッション情報から、レスポンスとなるポリシードキュメントを生成します。ポリシードキュメントとは、IAMポリシーやS3バケットポリシーと同様にアクセストークンに対するアクセス制御

◆リスト9　カスタムオーソライザーLambdaに渡される引数

```
{
    "type":"TOKEN",
    // Authorizationヘッダの値
    "authorizationToken":"Bearer eyJhbGc....",
    // 実行されようとしているAPI Gatewayエンドポイント情報
    "methodArn":"arn:aws:execute-api:{リージョン}:{アカウントID}:{ApiId}/{ステージ}/GET/{リソースパス}"
}
```

133

◆リスト10　カスタムオーソライザーが返却するポリシードキュメント

```
{
  "principalId": "{アクセスユーザーのユーザーID}",
  "policyDocument": {
    "Version": "2012-10-17",
    "Statement": [
      {
        "Effect": "Allow|Deny", // 許可もしくは拒否
        "Action": "execute-api:Invoke", // アクション (API GatewayのAPI実行)
        "Resource": "arn:aws:execute-api:{リージョン}:{アカウントID}:{ApiId}/{ステージ}/{HTTPメソッド}/{パス}"
      }
    ]
  },
  "context": {
    "token": "cfru9pmcw3gf",
    "userId": "83w9pmr84w37t",
    "groupId": "tc7wnh473w"
  }
}
```

を行うためのJSONで、**リスト10**のようなフォーマットを採ります。

IAMポリシーやS3バケットポリシーとの違いは、アクセスユーザーを特定する`principalId`とアクセスユーザーの情報を保存できる`context`の項目が追加されていることです。そのため、バックエンドアプリケーションでアクセスユーザーを特定するのに利用することができます。

認証結果のキャッシュ

API Gatewayのカスタムオーソライザーでは、認証の結果をオーソライザーごとに設定した有効期限の間キャッシュすることができます。キャッシュを利用することで2回目以降のリクエストではオーソライザーの実行をスキップし、高速化が可能になります。このキャッシュの有効期限には固定された秒数しか設定することができないため、アクセストークンの有効期限以降もキャッシュが有効となり、有効期限切れのトークンを利用した場合でもアクセスが許可されてしまうことが考えられますので、キャッシュ有効期限を長く設定し過ぎないように注意が必要です。

カスタムオーソライザーの実装にはAWSLabsが用意しているサンプル実装[注2]があるため、こちらをベースにすると比較的簡単に実装することが

可能です。

バックエンドアプリケーション

APIのリクエストを受け取るAPI Gatewayの裏には、リクエストを受けてDBへのCRUD処理を行うアプリケーションを構築しました。アプリケーションの環境をサーバとして管理したくないため、サーバレスアプリケーション実行環境であるLambdaを利用しました。システム構築時にはDynamoDB、Elasticsearch ServiceはVPCエンドポイントからの利用ができなかったうえに、VPC内のリソースにアクセスする要件もなかったため、非VPC環境に配置しました。

● Lambda フレームワーク

2017年後半ごろから、Lambda関数の実装をサポートするアプリケーションフレームワークが多く発表されました（**表2**）。これらのフレームワークを利用することで、既存のWebアプリケーション開発と同様の利便性を得ることができるようになってきています。

残念ながら、本システムを構築した時期にはこれらのフレームワークは正式リリースされておらず、Lambda関数自体もユニットテスト可能である

注2）https://github.com/awslabs/aws-apigateway-lambda-authorizer-blueprints

第4章
API Gateway／Lambda／DynamoDBを大活用
サーバレスで構築するSPA&バックエンド

◆表2　Lambdaアプリケーションフレームワーク

フレームワーク	言語	特徴
aws-serverless-express	NodeJS	NodeJSのWebフレームワークであるExpressをAPI Gateway＋Lambda上で動作するようにするフレームワーク（デプロイも可能）
chalice	Python	FlaskのようなデコレータでAPI Gatewayとのマッピングが可能なフレームワーク（デプロイも可能）

◆表3　サーバレスデプロイツール

ツール	特徴
Serverless Framework	サーバレスフレームワークの草分け的な存在。AWSだけでなくAzureやGCPなどにもデプロイ可能
serverless-application-model	CloudFormationを拡張し、API Gateway、Lambda、DynamoDBを管理可能

◆図3　Lambdaの実行

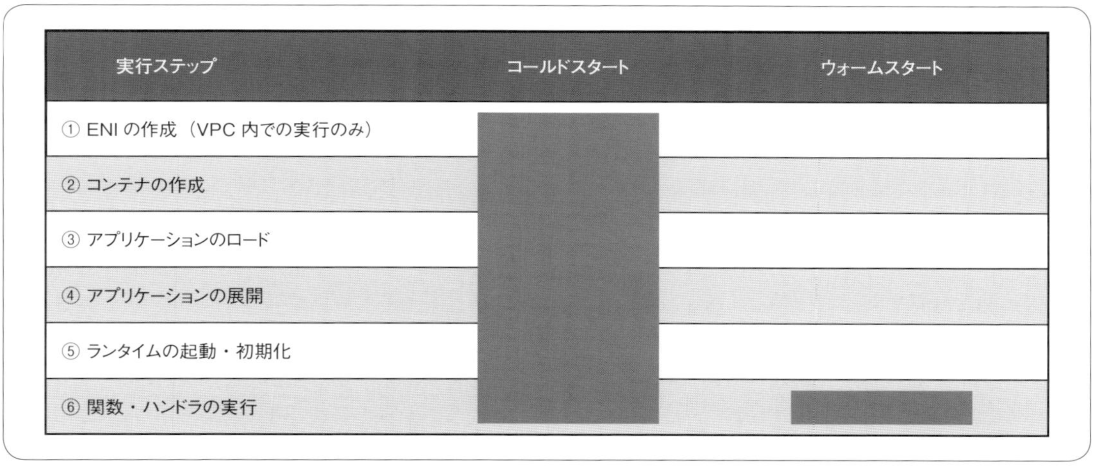

こと、バイナリレスポンスなどを扱うAPIがないという理由から、モジュール内に共通ライブラリを設けるのみで純粋なLambda関数として実装しました。

　Lambda関数の実装を含むリソースの管理やデプロイをサポートすることに注力したツールも複数リリースされています（**表3**）。本システムではServerless Frameworkを利用しました。

● コールドスタートとウォームスタート

　Lambdaはサーバレスですが、その実体はコンテナ上で稼働するプロセスです。実際にLambdaが実行される際には、**図3**のようなステップを踏みます。

　このステップで起動されるものを「コールドスタート」と呼び、数秒〜数十秒の時間がかかります。ステップ1〜5については毎回同じ処理を実行することになるため、起動したコンテナを再利用することで起動処理を効率化・高速化しています。このようなコンテナを再利用する実行方式は「ウォームスタート」と呼ばれています。

　起動したコンテナはいつまでも起動されているわけではなく、一定時間起動されない状態が続くとコンテナは終了されます。コンテナが終了されると次回実行時にコールドスタートが発生してしまうため、コンテナを終了させないのがコールドスタートを防ぐ唯一の方法ということができます。

　ワークアラウンドとして、CloudWatchイベントなどを利用して定期的に関数を実行することでコンテナの終了を防ぐ方法が一般的で、多くのシステムで採用されているようです。

　なお、コールドスタートが発生する条件は次の

135

特集3

クラウド構築&運用の極意

とおりです。

- コンテナが存在しない場合（初回起動など）
- 起動されているコンテナの数以上のリクエストを受けた場合
- コードおよび設定を変更した場合

Lambda のメモリ設定

Lambdaには、実行時に利用されるメモリの上限値を設定することができます。このメモリ上限値は、メモリだけでなくCPU能力にも比例します。メモリ上限値を2倍にした場合、CPU性能についても同様に2倍提供されます。

そのためメモリ状況だけでなく、Lambdaの許容される実行時間なども考慮して設定する必要があります。実行時に利用するデータのサイズなどを考慮したうえ、開発環境でのテストを行い、メモリ使用状況・実行時間を確認したうえで設定しました。

Lambda のスケール制約

Lambdaは自動的にスケールされますが、リージョンごとに算出される同時実行数の制限があります。この制限にかかると、API GatewayはLambda実行エラーを返却してしまいます。たとえば、一覧を取得するAPIのように実行回数が多いAPIが存在する場合、同時実行数の大部分を専有してしまうため、ほかのAPIの実行がブロックされてしまうなどの問題が想定されました。あらかじめドキュメントに記載されている下記の式を利用して同時実行数を想定し、制限の緩和申請を行いました。

関数ごとの想定同時実行数

= 1秒当たりのリクエスト数 ＊ 関数実行時間

リージョンの想定同時実行数

= 関数1の想定同時実行数 ＋ ……
  ＋ 関数Nの想定同時実行数

DB の選択

バックエンドに接続されるDBは、AWSが提供するフルマネージドKVSである「DynamoDB」を利用しました。いまだ多くのシステムではRDBMSが利用されており、AWSでもRDS（Amazon Relational Database Service）が提供されていますが、Lambdaはコネクションプーリングなどが難しく、基本的にリクエストごとにコネクションを確立するため、リクエストの増加に伴いスケールした場合にDBのコネクション上限に達してしまう可能性が高く、サーバレスアプリケーションには適していません。

DynamoDBでの複雑な検索

DynamoDBはKVSですが、レンジキーとセカンダリインデックスを組み合わせることにより、元来のKVSでは難しかった複数リソースの検索も柔軟に行うことができるようになっています。しかし、検索用のキーを増やす必要があったり、セカンダリインデックスの数に制約があるなど、その機能にも限界があります。

本システムでは、ユーザーがイベントを検索する際に複雑な条件での検索が必要になり、DynamoDBでのデータ抽出に限界が見えました。

そのため、別途データ検索用にElasticsearch Serviceを構築し、DynamoDB Streamを利用し、DynamoDBでのデータ変更をLambdaへ通知し、Elasticsearch Serviceへデータを同期するアーキテクチャを採用しました。

Elasticsearchは全文検索エンジンですので、日本語形態素分析を行う「Kuromoji」を利用したインデックスによるキーワード検索も機能に盛り込むことができました。

Elasticsearch Serviceの認証

Elasticsearch自体には認証機能が存在せず、Elastic Shieldなどの認証プラグインを導入して認証を実現しますが、エンドポイントがインターネット上に公開されるElasticsearch Serviceでは

◆表4 認証・認可プロトコルの特徴

プロトコル	特徴
OAuth2	TwitterやFacebookなどで広く利用されている認可プロトコル。厳密には「OAuth2認証」という言葉は間違い
OpenID Connect	OAuth2に本人を確認する方法を追加したプロトコル。Google、Facebook、Yahooでも採用されている
SAML	エンタープライズで多く利用されている、機能的にはOpenID Connectに近いXMLを利用するプロトコル。信頼するサーバの登録方法が異なる

　IAM認証がサポートされており、ほかのAWS APIと同様に署名バージョン4を利用してリクエストを署名する必要があります。AWS SDKの署名モジュールを利用することをお勧めします。

　また、AWSLabsによるElasticsearch Serviceへのデータ同期Lambda関数のサンプル[注3]が公開されていますので、こちらをベースに開発を行うことでボイラープレートの開発工数を削減することができました。

Elasticsearch Serviceの制約

　Elasticsearch Serviceはマネージドサービスであり、運用の大半をAWSへ移譲することが可能ですが、EC2上で独自に構築するElasticSearchと比較すると下記のような制約があります。どちらを採用するかは運用負荷と要件のトレードオフとなるので、プロジェクトの特性に合わせて判断する必要があります。

- RESTful APIしか利用できない
- プラグインの追加ができない
- Kuromojiでユーザー辞書が利用できない

認証基盤

認証・認可プロトコル

　前述のシステム概要にあるとおり、本システムは複数のサブシステムで構築されています。それらのサブシステムで個別に認証を作るのは非効率で、なおかつサブシステムの責務の範囲を不明確にしてしまうため、認証を専門に司る認証基盤の構築が必要と考えました。

　ひと口に認証・認可と言ってもさまざまなプロトコルがあり、どれが最も適しているかは慎重に選択する必要があります。現在多く使われている認証・認可のプロトコルを表4に挙げます。

　単純なAPI利用のみであればOAuth2でよかったのですが、外部サイトへのシングルサインオンという要件があったため、認証情報も付与可能なOpenID Connectが最適であると判断しました。

認証基盤の選定

　AWS上で認証基盤を構築するにあたり、OpenAM、Keycloak、Cognitoユーザープールの3種類を比較・検討しました。OpenAMとKeycloakは認証を専門としているプロダクトなだけあって、きめ細かな設定ができるのが特徴でした。対するCognitoユーザープールはOpenID Connectに関する細かな設定を行うことはできませんでしたが、サーバレスであり、JWT署名用キーのローリングなども自動で行えるなど運用コストを削減できるメリットが大きいと判断し、Cognitoユーザープールを採用しました。

CognitoユーザープールのOpenIDConnectをImplicitフローで利用する場合の懸念点

　OAuth2／Open IDConnectのImplicitフローは、OAuth 2.0をより安全に利用することを目標としたRCF6819[注4]で言及されているとおり、認可後の

注3） https://github.com/awslabs/amazon-elasticsearch-lambda-samples
注4） http://openid-foundation-japan.github.io/rfc6819.ja.html#implicit_flow

特集3
クラウド構築&運用の極意

リダイレクトURLがブラウザのヒストリに残ってしまうため、有効期限を短く設定することが推奨されています。

しかし、Cognitoユーザープールのトークン有効期限は1時間で固定となっているため、短くすることができません。今後はこのようなスキームでの利用も増えてくると思いますので、Cognitoでの有効期限設定ができるようになることに期待しています。

まとめ

AWSのマネージドサービスを利用してサーバレスなSPAバックエンドを構築しました。日々増えていくアプリケーションサービスを適切に組み合わせることで、以前では難しかったことがとても簡単に実装できるようになってきています。

一方で、アプリケーションサービスによっては、どうしても仕様を満たせないケースが出てきてしまうのも事実です。仕様をサービス側によせて変更できれば理想ですが、そううまくはいかないと思います。無理にサーバレスを採用することにより、複雑な設計となってしまったり、無理やりAPIを利用してコストがかかったり、逆効果となってしまうケースもないとは言えません。サーバレス化が適切かどうか、PoCを行い、問題がないことを確認してから実行に移しましょう。

WEB+DB PRESS plus シリーズ

Webサービス開発 徹底攻略 vol.2

WEB+DB PRESS plus徹底攻略シリーズでは、Webアプリケーション開発のためのプログラミング技術情報誌『WEB+DB PRESS』の掲載記事をテーマ別に厳選し、再編集してお届けします。

『Webサービス開発徹底攻略Vol.2』では、本誌の看板特集でもある「ノウハウ大公開」を中心に、LINEやドラゴンクエストX、freeeなどの人気サービスの開発事例をセレクトしました。刊行から時間が経っている記事については、記事掲載時からの変遷を書き下ろした「After That」も掲載！ 充実の一冊です。

WEB+DB PRESS編集部 編
B5判／192ページ
定価(本体1,980円+税)
ISBN978-4-7741-7952-0

技術評論社

第5章 エンタープライズにおけるクラウド利用

クラウド化の受託がシステムインテグレータには辛い理由

竹林 信哉
Shinya Takebayashi

「システムインテグレータに頼むと時間とコストがかかる。自分たちで作ったほうが早く安く済む」。これはクラウド関連のイベントで筆者が耳にしたユーザ企業からの言葉です。システムインテグレータに勤務し、顧客からクラウド化案件を受注したプロジェクトを支援している筆者の経験から、「サクッと組めるクラウド」が、受託開発となると時間とコストがかかる難しいものとなる理由を紹介します。

はじめに

総務省が公開している『情報通信白書』では、クラウドサービスの利用を始めている企業は、2014年から2016年までの間で年間約2％（約100社）ずつ増加しているとレポートされています。このように、近年では企業内のシステムや顧客に提供するサービスの基盤をパブリッククラウド上に構築する企業が増加しています。

また、同白書では「現時点では利用していないが今後利用する予定がある」と答えた企業は、2016年度調査では約300社もあることにも触れられています。

2017年初頭、三菱UFJフィナンシャル・グループが社内の業務システムの一部をAWSにシフトすることを決定したとの報道があったことも後押しし、金融機関以外の業界からも「銀行ができるなら自社もできるのでは？」との思いから、筆者の周囲でも社内システムや顧客向けサービスの運用をパブリッククラウドで行おうとする企業の話を聞く機会が増えています。

従来のオンプレミス向けシステム開発・移行において、システムインテグレータが実施する作業は以下の流れで進められ、クラウド化した場合でも変わりません。

- 要件インタビュー
- サイジング
- ハードウェア選定
- 開発用環境調達
- アプリケーション開発
- テスト
- 納入
- 運用支援（サポート）

クラウド化によって変わる部分は、強いて言えば環境の調達期間が非常に短くなることくらいです。

クラウド化案件に特有の大きな特徴は、技術的観点よりも運用やコスト管理面でオンプレミスの常識が通用しなくなることに起因する、非機能要件の認識差を埋める部分に大きなコストがかかることだと考えます。この部分を考慮できる人材が非常に少ないのが課題でもあります。

ここでは、まず企業が考える「クラウド化」にはどのような落とし穴があるのかを整理したうえで、受託開発において確認しておきたい非機能要件の注意点について紹介します。

企業の考えるクラウド化の落とし穴

『情報通信白書（平成29年版）』からの引用[注1]となりますが、企業が考えるクラウド化のメリットとし

注1) http://www.soumu.go.jp/johotsusintokei/whitepaper/ja/h29/html/nc262140.html

特集3

クラウド構築&運用の極意

て次のような理由を挙げられることが多く、オンプレミス環境でシステムを展開した際に発生する設備の維持に対する不安を払拭できる夢の環境ととらえている傾向が強く見えます。

- 資産・保守体制を社内に持つ必要がないから
- 安定運用、可用性が高くなるから
- サービスの信頼性が高いから

筆者の勤める企業はシステムインテグレータです。自社内でクラウドサービスを利用し業務を効率化しようとするクラウドサービスのユーザという側面と、顧客にシステム開発を提案し受託するという側面があります。

ユーザの立場としてクラウドのメリットを考えると、やはりTCO（Total Cost of Ownership）の低減、その中でもとくに運用コストの圧縮が会社としては歓迎できることです。

一方、提案側の立場で筆者がクラウド環境を利用した提案や開発を手がける中では、SaaSやPaaSを使うことにより、開発メンバが今まで以上にアプリケーションアーキテクチャの実装に目を向け、注力する傾向が強くなってきたのもメリットの1つだと考えています。

しかし、これらのメリットの裏側を理解していない顧客やシステムインテグレータがまだ多いことも理解しておく必要があります。

● クラウド化と仮想化の混同

クラウド化が仮想化とまったく異なるかと言えば、そうではありません。クラウド環境にシステムを構築するということは、仮想化環境にシステムを構築することと同じです。

また実際には、たとえば単純移行注2の案件では、

①オンプレミス環境に、ベアメタル環境注3にインストールされた環境からP2V注4を介して仮想マシン化、②V2V注5でAWS AMI（Amazon Machine Image）に変換、③AWS EC2上で立ち上げ、という方法もクラウド化として扱われることもあります。

筆者が経験したいくつかのプロジェクトでも、顧客の要望でマネージドサービスをほとんど使わずEC2をいくつも並べる構成になってしまった案件があります注6。これが悪いとは思っていません。ただ、後述する非機能要件の差異を見落としがちになるのです。

● 「資産・保守体制を社内に持つ必要がない」は本当にメリットか

資産・保守体制を自社内に持つ必要がないことのメリットは何でしょうか。

- 設備の調達に要するリードタイムを減らせる
- データセンターの管理が不要になる
- 資産計上が不要になる（クラウドサービス利用料は経費となるため）

設備の調達に要するリードタイムを減らせるのはとても喜ばしいことですね。試験環境の面数やロードテストの負荷が足りないときにすぐに増やせるというのは、何ごとにも代えがたい利点です。

また、データセンターの管理が不要になるという点もうなずけます。提供しようとするサービスが、何らかの第三者認証を受けているデータセンターで運用されている必要がある場合は、自社で認証を取得するには手間・時間・費用がかさみます。これをお金で解決できるのであれば、そのほうが楽をできます。

注2） ここでは、システムの構成変更を伴わない移行を指します。現状ではオンプレミスで稼働しているアプリケーションなどを、P2Vなどで仮想化しクラウドで展開するようなものです。

注3） 仮想化されていないハードウェアにOSやミドルウェアが直接構築された環境を指します。

注4） Physical to Virtualの略。物理マシンから仮想マシンへの移行を指します。

注5） Virtual to Virtualの略。VMwareやHyper-Vなどのハイパーバイザ上で動作する仮想マシンイメージを相互に変換することを言います。

注6） ここでは、EC2などのIaaSとLambdaなどのようなPaaS／SaaSを区別する意味で、仮想マシンを「マネージドサービス」と呼ばずに話を進めます。実際には、EC2自体もマネージドサービスの1つです。

第5章
クラウド化の受託がシステムインテグレータには辛い理由
エンタープライズにおけるクラウド利用

そして、3つめの「資産計上が不要になる」。これがポイントです。字面は経理的な観点ではありますが、実はシステムの運用と深い関係があります。表面的には字面のとおり、社外のクラウドを利用する場合は、インフラは資産にならず毎月の利用料にインフラの利用料も含まれることになります。もちろん耐用年数の定めや減価償却も必要ありません。使用中のインスタンスなどが陳腐化したら、古いインスタンスを捨てて新しいインスタンスに乗り換えることも容易にできます。

逆に言うと、パブリッククラウドで提供されるサービスを供するために使われる設備の管理やサービス自体の運用などは自社の自由にはなりません。「いや、この時期に止めてもらっては困る」と言われても、そこはアプリケーションなどで回避するように作り込む必要があるのです。

のちほど、「仮想マシンかマネージドサービスか」で詳しく解説します。

可用性、信頼性は高くなるのか

クラウド化のメリットとして考えられている「安定運用、可用性が高くなる」や「信頼性が高い」という認識、ここにも落とし穴があります。

クラウドサービス、とくにAWSやAzureなどのパブリッククラウドサービスの場合、複数の顧客のためにばく大な量の物理リソースが仮想化され、同じリソースを共用することになります。

自社が立ち上げたインスタンスが動く物理マシン上に、他社のインスタンスがあるかもしれません。もしかしたら、他社のインスタンスの不具合によって自社のインスタンスが影響を受ける可能性もゼロとは言い切れません（他社と相乗りしない「ハードウェア専有インスタンス」などもあります）。

可用性と信頼生については、のちほど「SLAについて再認識する」で詳しく解説します。

エンタープライズ系システムの開発で合意しておくべきこと

ここまでは、顧客企業が考えるクラウド化とその落とし穴について解説してきました。

企業が運用するエンタープライズ系のシステムは、個人の自宅で運用するような自宅サーバとは違い、その企業のブランドイメージや収益を左右する一端を担っています。

クラウド化で直面する最大の課題は、技術者の少なさや費用見積りの難しさではありません。これからクラウド化するシステムの方式や特性について、いかに顧客と共通の課題意識と合意を結べるかであると、筆者は考えています。

以降、クラウド化によって発生する、事前に合意しておくべき事項について例を挙げていきます。

作り込むべきシステム要件が変わる

オンプレミス環境の多くはネットワーク、ハードウェアやソフトウェアを自由に設計でき、その運用まで責任を持つ必要があります。たとえば、商用システムでは故障に備えて以下のような対策を施すことが多いと思います。

- ディスク故障に備えたRAID（Redundant Arrays of Inexpensive Disks）アレイ構築
- データ破壊に備えたバックアップ構築
- NIC（Network Interface Card）故障に備えたNIC二重化
- ゲートウェイ故障に備えたゲートウェイ二重化

その他、データセンターの設備として、

- 電源喪失に備えた複数給電ルートの確保と自家発電装置の設置による電源の冗長化
- エアフローを考慮したラッキングと空調装置の冗長化
- セキュリティ確保（地理、入退室など）

……など、挙げるときりがありません。

一方のクラウド環境では、私たちユーザが見える部分はほぼすべてが仮想化されており、その実体であるハードウェアは見えませんが、データセンター内のサーバラックに設置されているToR（Top of Rack）スイッチはもちろん、仮想マシンな

141

特集3
クラウド構築&運用の極意

どを収容する物理マシンや電源も多重化されており、オンプレミス環境ではきちんと設計しなければならなかった故障への備えが占める幅は小さくなったと言えます。

無駄な冗長化により費用が増える場合がある

ユーザによる冗長化が不要なものにも関連しますが、オンプレミス環境では常識だった複数ディスク装置を用いてのRAID構築はクラウド上では無用です。冗長化や高速化を目的とした追加ディスクは、不要な費用の発生につながります。

毎日のようにベアメタル環境を触っている筆者のような場合、システム領域とデータ領域は物理的にディスクを分けたうえで、それぞれのディスクは最低でもRAID1（ミラーリング）を構築し、エンクロージャ（と予算）に余裕があればRAID10でディスク本数を増やしてパフォーマンスも稼ぎます。とくにSSDなど、怖くて怖くて1本では使えません（最近は心配はいらないと耳にしますが、それでも念には念を入れて）。

ところがクラウド環境の場合は、物理ディスクに相当するものは「仮想ディスクイメージ」と呼ばれる、ハイパーバイザから見れば単なるファイルの1つにすぎず、イメージファイル自体は冗長化されたストレージ上に格納されています。したがって、RAID1によるミラーリングは必要ありませんし、RAID5やRAID6で必要となるパリティ用ディスクやスタンバイ用ディスクも不要です。

パフォーマンスを稼ぐための複数ディスクへのストライピングについても考慮は不要です。たとえば、AWSの場合はディスクタイプとして「プロビジョンドIOPS SSD」を選択することで、最大数万IOPSという値を指定することができます（それなりの費用が発生しますが）。

その他、バックアップについてもD2Dなどを用いる必要はありません。クラウドサービスにはディスクイメージの「スナップショット」を作成する機能があり、これをバックアップに用いることができます。

ネットワークプロトコルに注意が必要

あえてここにネットワークプロトコルの制約を記述したのには理由があります。クラウド上では、可用性を高めるためのしくみの見なおしが必要だからです。

AWSやAzureでは、2017年12月時点では仮想ネットワークにマルチキャストとブロードキャストが使えません。

マルチキャストと言えば、マルチメディアコンテンツの配信によく利用されるRTP（Real-time Transport Protocol）などはすぐに思い浮かぶと思いますが、そのほかにもクラスタ環境を実現するソフトウェア間の通信でも使われています。

たとえば下記のようなクラスタノード間の通信をIPマルチキャストで通信するソフトウェアの場合、ノード間の生存確認やレプリカを作成するための通信ができず、最悪の場合は「スプリットブレイン」と呼ばれるクラスタが異常な状態に陥り、システムが稼働できなくなることがあります。

- JGroups（JBossなどでクラスタ間通信に利用されるライブラリ）
- Pacemaker（HAクラスタソフトウェア）

これらはマルチキャストではなくTCPユニキャストで通信するように設定できるため、マルチキャスト不通の環境でも問題なく動作可能です。ほかにマルチキャストやブロードキャストを使って通信するアプリケーションを使用する場合も、ユニキャストを利用するように設定を変更する必要があります。

筆者が経験した案件の1つで、ゲートウェイの冗長化は必須だと言われ、オンプレミス環境で構築していたVRRP（Virtual Router Redundancy Protocol）を用いたゲートウェイの二重化をクラウド環境に持ち込むことを要望されたことがあります。前述のとおり、クラウド環境では適切な構成にすればネットワークの二重化などはすでに施されているため、ユーザ自身による経路の冗長化はほぼ不要ですが、それでも、と……。

第5章
クラウド化の受託がシステムインテグレータには辛い理由
エンタープライズにおけるクラウド利用

このケースは、クラウド環境ではVRRPが使えない[注7]ことも理由として、冗長化しないことを納得していただきました。

● SLA について再認識する

既存システムをAWS EC2やAzure仮想マシンに移植するとした場合に気にしなければならない項目の1つに、SLA（Service Level Agreement）があります。SLAは損害賠償などにも直結するため、とくに重視して合意する必要があります。

パブリッククラウドにおけるSLAは、月間の使用可能時間を100％として、クラウド事業者が定める例外条件[注8]を除く条件で使用不可能な状態に陥った場合の時間を減算して算出した可用性が、SLAで規定した数値を下回った場合にサービスクレジットを受け取るものです。

サービスクレジットとは、簡単に表すとサービス利用料の支払いに充当できるクーポンのようなものであり、現金が戻るキャッシュバックとは性質が異なります。

そして念を押して再認識しなければならないのは、SLAはリソースが確実に利用可能であることを保証するものではないという点です。

クラウド事業者の責任範囲でシステムが停止し

てビジネスに損害が発生したとしても、受託開発においてはエンドユーザのビジネス機会損失に関する損害賠償には応じてくれません。

SLAの「99％」は安心か

SLAはとくに重要な部分ですから、あらためて数字の見方も確認しておきましょう。

SLAは百分率で表記される場合が多く、「99％」などと書かれると可用性がとても高く感じられます[注9]。

しかし、前述のとおりSLAとは月間の使用時間を100％として使用不可能な時間を差し引いたもので、しかもクラウド事業者による計画的なメンテナンス時間などの「例外」は除外された数字です。必ずSLAの条件を確認し、停止時間を実時間に変換してから、その妥当性を評価するようにしましょう。表1のように実際の時間に置き換えると、シングル構成では不安が募ります。

● 個々の信頼性よりも
　再起動時の安定性を重視する

オンプレミス環境とクラウド環境では、インスタンスの運用に関する考え方が大きく異なります（表2）。

オンプレミス環境では1台ずつ大事に扱う

オンプレミス環境ではマシン1台ずつを大切に、それこそ名前を付けて、1万円札を貼り付けて守っていたものです。そのうえ、高信頼クラスタを実現するソフトウェアを導入し、万一、運用系が故

◆表1　SLAが許容する停止時間

SLA	1ヵ月	1年間	5年間
99%（AWS EC2）	7.44 時間	87.6 時間	18.25 日
99.9%（Azure VM）	44.64 分	8.76 時間	43.8 時間
99.99%	4.46 分	52.56 分	4.38 時間
99.999%	26.784 秒	5.256 分	26.28 分

◆表2　インスタンスの運用の考え方

環境	台数	立ち上げ	復旧	試験環境の作成	かける愛情
オンプレミス	限度あり、増設至難	数時間〜数週間	数時間〜数週間、解析中商用環境への影響あり	上限あり	大事に、家族のように
クラウド	ほぼ無限	数分	数分、解析中でも商用環境に影響はおよばない（または少ない）	ほぼ無限に作成可、予算次第	使い捨て

注7）　VRRPはアドバタイズにマルチキャストパケットを利用しますが、AWSやAzureではマルチキャストパケットを流通できません。
注8）　SLAの例外条件については、各クラウド事業者のWebサイトなどを参照してください。
注9）　余談ですが、筆者が入社当初開発に携わっていたCGL（Carrier Grade Linux、電気通信設備などでの利用を目的としたLinux環境）で求められる可用性は99.999％〜99.9999％と言われています。Linuxカーネルへのパッチ適用すら無停止で、再起動なしです。

143

特集3

クラウド構築＆運用の極意

障しても予備系で処理を継続したり縮退運転したりできるようにシステムを構築していくものです。

オンプレミス環境で、とくにベアメタル環境でシステムを運用してきた担当者の方は、仮想マシン化してクラウド上に載せ替える場合でも高信頼クラスタソフトウェアの導入を申し出てくるでしょう。

クラウド環境では使い捨てを前提に扱う

しかし、クラウド環境ではインスタンスは使い捨てです。名前すら付けないこともあります。

クラウド環境では「仮想マシンイメージ」の複製（インスタンスストレージ）を仮想マシンインスタンスごとに作成し、仮想マシンを立ち上げてサービスを提供しているものが大半です。

仮想マシンイメージをもとにした仮想マシンの作成という考え方を導入することで、仮想マシンインスタンスの再生成はコストが高いものではなくなります。

お馴染みのオートスケール機能は、負荷に応じて同じ仮想マシンを複数立ち上げて負荷分散を行うしくみです。つまり、システムが不安定になった場合には、（ログ収集くらいは実施しますが）インスタンスを破棄して新たに立ち上げなおし、システムを復旧するような運用に移行できるのです。もちろん、オンプレミスと同様に1つのインスタンスを大事にする方法もあります。

ここで重要なのは、使い捨てをする場合はシステム側の対応も必要だということです。おもに、以下のような考慮が必要です。

- 原則として、ステートレスなアプリケーション設計にする必要がある
- アプリケーションログなど、消えてしまうと困るログは外部へ保存する必要がある
- クラスタへのjoin／leaveが行われても、正常に動作し続ける必要がある
- 試験項目にクラスタのjoin／leaveを実施する際

の正常性確認を含める必要がある

● 仮想マシンかマネージドサービスか

システムの移行を検討し始めると、最初に大きな分かれ道にぶつかります。「移行と言いつつも、マネージドサービスを積極的に使うようにシステムを作りなおす」のか「すでに動いているものがあるのだからそのまま移行する」のかです。

クラウド化のおもなメリットは、「柔軟なスケールイン／スケールアウト」「使った分だけ後払い[注10]」「急なリソース要求に比較的容易に対応できる」といった、マネージドサービスを適切に利用するようにシステムを設計・運用することによって得られる、従量制課金の費用低減です。

また、ミドルウェアのメンテナンスもクラウド事業者側で実施してくれたり、可用性担保も容易に実現することができ、運用したいサービスやシステムの設計・運用に注力できる点もクラウド化が優れて見える一面です。

一方で、仮想マシンをただ動かす場合、たいていは「仮想マシンを起動している時間」で課金されるため閑散・繁忙を問わず一定の費用が発生します。また、仮想マシン内のOSやミドルウェアのパッチ適用などのメンテナンスもすべて自身で行う必要があります。

マネージドサービスを使えば可用性の向上も容易に可能ですが、仮想マシンを組み合わせてシステムを構成する場合はこれらのしくみもすべて自前でまかなう必要があり、設計や構築、運用が煩雑になります。

こう書いてしまうと、単純な仮想マシン化はけっして踏み込んではならないように見えますが、一概にそうとは言えない場合があります。

単純な仮想マシン化が有効な場合

単純な仮想化が有効なのは、おもに「今後の追加開発の見なおしが見込めない、もしくは次に手を

注10）AWSでは「リザーブドインスタンス」、Azureでは「Azure RIs（Reserved VM Instances）」と称する、期間を定め前払いすることにより割引を受けることができるしくみがあります。

144

第5章
クラウド化の受託がシステムインテグレータには辛い理由
エンタープライズにおけるクラウド利用

入れるのは数年以上先になる」場合と「データの流通を局所化したい場合」です。

　マネージドサービスとして提供されているPaaSの場合、そのランタイムとして利用されているミドルウェア（Node.jsなど）のサポートライフサイクルがPaaSのサービス提供期間と同期していることが多く、提供期間を迎えるとコードの実行や呼び出しに失敗するようになります。つまり、サービスの提供が終了する前に開発を起こして別のランタイムに乗り換えていく必要があるということです（ランタイムのサポートライフサイクルについては後述します）。

　世の中には毎日のようにコードをコミットし運用中のサービスに反映していくような開発形態がある一方で、筆者が勤務する会社のように開発自体が年単位で行われ、リリース後の次の更改が5～10年先というものもあります。後者のような開発サイクルが長いシステムの場合は次期開発までの期間内にランタイムのサポートが終わってしまうことがあり、サービス停止などのトラブルとそれに伴う賠償問題などに発展する可能性も考えられます。

　仮想マシン上にシステムを構築する場合はOSから上の層は各ユーザの責任で自由に構築できますから、サポート期間が終了してもユーザの責任で使用し続けることができる点はオンプレミスと同様です。

　ランタイムやミドルウェアのサポートが終了したあともコードを変えずに動かし続けたいという要望がある場合は、あえてSaaSやPaaSではなく仮想マシン上にシステムを構築することをお勧めします。

　また、もう1つの「データ流通の局所化」という観点では、重要な顧客情報などをクラウド上で保持・処理する要求があった場合、できれば仮想ネットワークにも流したくないと思うでしょう。そのようなデータを保管する場所として、仮想マシンを利用することもできます。

　仮想マシンのインスタンスに保存される情報は、インスタンスが所属する特定のリージョンやアベ

イラビリティゾーン内のインスタンスストレージ内に保存されますから、ストレージサービスのように自動的にほかの拠点に複製されるような心配はありません。

インスタンスタイプの選定に注意する

　クラウド化の目的の1つに費用低減がありますが、費用の低減に着目し過ぎるあまりインスタンスタイプの選択を誤る場合があります。仮想マシンを積極的に使う際は、留意が必要です。

　AWSやAzureの仮想マシンインスタンスのサイズは非常に多く、どれを選べばよいのか迷いますが、中には利用上注意が必要なものがあります。

　ここでは、AWSでは「Tシリーズ」、Azureでは「Bシリーズ」となるベースラインパフォーマンス型のインスタンスを例に挙げます。

　料金表を見るとほかのシリーズよりも一桁ほど時間単価が安く、仮想CPU数やメモリ量を見て要件に合いそうなインスタンスを選びがちです。

　これらベースラインパフォーマンス型のインスタンスの特徴は、CPU時間の貯金と切り崩しを繰り返し、CPU時間の貯金が底を突くと途端に（定められたベースラインまで）パフォーマンスが低下するというものです（図1、2）。

　これをDBサーバやAPサーバとして使ったとしたら、どのような結果が待っているでしょうか。システムが繁忙な時間帯はほとんど処理できません。ビジネス機会の損失によって失った利益が、運用コストの低減で浮いたはずのコストを上回る可能性もあります。

　ベースラインパフォーマンス型のインスタンスは、踏み台や一時的な作業に用いるマシンに限定して使用することをお勧めします。

仮想マシン化により顧客との
メンテナンスの調整が難しくなる

　パブリッククラウド上の仮想マシンにシステムを構築する場合とオンプレミス環境での仮想マシンにシステムを構築する場合とでは、運用性が大きく変わります。具体的にはメンテナンスに関す

145

特集3
クラウド構築&運用の極意

◆図1 t2.nano（standard）インスタンスの性能

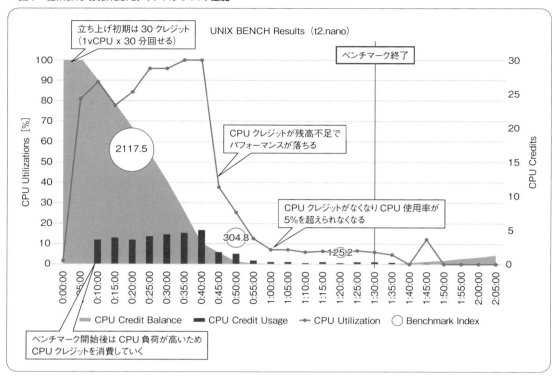

◆図2 クレジットをためるには時間を要する

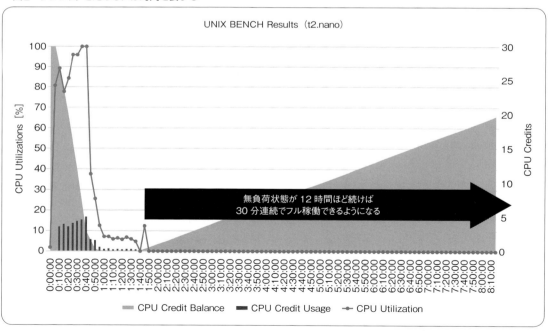

る考え方です。

オンプレミス環境では、緊急性の高いアップデート作業でなければ数ヵ月以上前からメンテナンスのスケジュールを顧客との間で調整し、事前に手順を作り検証環境を用いてリハーサルを行います。いよいよ当日になると、万一の場合に備えて技術支援要員をオンサイトで張り付かせ、指さし確認で作業を行い、入念に完了の確認を行い、顧客にOKをもらって作業終了となります。システムの特性によっては、実際に更新後の環境でサービスが動き始めて数日間、「重点監視期間」を設け、問題が発生した場合に即応できるように体制を組むこともあります。

このように、オンプレミス環境では大部分のメンテナンスは対象システムに必要不可欠な場合に限り事前に計画したうえ、必要最小限の範囲を停止してメンテナンスを実施し、完了し次第、早急に復帰させることができます。

一方、パブリッククラウドの場合、メンテナンスの調整は難しいと言えます。

パブリッククラウド上の仮想マシンは、クラウド事業者が管理するホストマシン（ハイパーバイザ）上で動作しているのはご存じのとおりです。

クラウド事業者がこのホストマシンをメンテナンスするために、ユーザが利用中の仮想マシンの再起動を求めてくる場合があります。その場合は仮想マシンで運用しているシステムの特性などは考慮されません。短い場合はメンテナンス当日の2週間ほど前にクラウド事業者からメンテナンス実施に関する連絡が届き、ユーザ側で実施すべき作業が案内されます。

最近では、予告されたメンテナンス当日までの期間にユーザの任意のタイミングで再起動することでメンテナンス対象マシンではないホスト上で仮想マシンを立ち上げなおし、メンテナンス当日のサービスダウンを避けられるようになってきています。

しかし、そのような場合でも任意に再起動できる期間は数日間と短く、その期間を逃すとメンテナンス時に仮想マシンが自動的に再起動されます。

その期間にサービスが停止した場合に発生した機会損失についても、もちろんユーザの責任となります。

このようなメンテナンススケジュールの特性について、事前に顧客と合意しておく必要があります。こうした事象を避けるためにも、マネージドサービスを活用したほうがよいと思います。

ランタイムのサポートライフサイクルを熟慮する

パブリッククラウドのマネージドサービスとして提供されているサービスのランタイムエンジンは、当該ランタイムの開発コミュニティが公開しているサポートライフサイクルに準じてサポート期間を定めていることがあります。言い換えれば、コミュニティがEoL（End of Life）としたバージョンは、クラウド上のランタイムとしてもサポート対象外となるということです。

実際に、2017年12月時点でAWS LambdaのNode.js環境は、Node.jsのライフサイクルに則ってEoLを迎えたバージョンのランタイムの提供を打ち切ってきています。

ここでは、AWS Lambdaのランタイムとして Node.jsを利用したときに筆者が経験した事例を紹介します。

- 筆者は約2年前に、AWS LambdaでNode.js 0.10をランタイムとしたラムダ関数を作成した
- Node.js 0.10のEoLは2016年10月31日であり、EoLを迎えたあと、2017年3月末に「2017年4月30日でサポートを終了するため、新しいランタイムバージョンに移行してほしい」とAWSから連絡を受ける
- 対処せずにさらに時間が経過した2017年7月にさしかかるころ、API呼び出しが失敗するようになる

このように、マネージドサービスを利用するとランタイムのバージョンをユーザ側でコントロールできません。このため、構築時のバージョンか

特集3
クラウド構築&運用の極意

ら動かしたくないような長期間にわたって運用するシステムでは、マネージドサービスを利用せずに仮想マシン上にソフトウェアスタックを構築するほうが好ましい場合があります。

ここでは例としてLambdaを挙げましたが、データベースやWebアプリケーションの実行基盤でも同様のサポートライフサイクルに関する問題は発生する可能性があります。

データの保管場所を限定する

データ（とくに個人情報）がどこに存在し使われているのかを非常に気にする顧客が多いです。

パブリッククラウドサービスでは、特別な理由がなければデータセンターの内部はおろか、所在地すら明かしてもらうことはできません。

たとえば、顧客情報を扱うサービスで日本国外には出したくないものがあったとして、それが1つの誤操作で他国のデータセンターにレプリケーションされてしまったら。こうした重要なデータは、極力保管場所を限定できる手段を用いることを推奨します。たとえば、局所的にしか使わないものであれば仮想マシン内のDBに格納するなどの方法が考えられます。

● その他、技術ではない観点

準拠法

「米国愛国者法（USA PATRIOT Act）注11」をご存じでしょうか。

これは、テロ行為などの捜査や防止を目的として米国捜査機関が必要と認めた場合は、機密情報や個人情報さえも本人の同意なしに開示を求めたり通信を傍受したりできることを定めた米国の法律です。

つまり、米国にある地域の法律を準拠法とするサービスを利用する場合は、顧客企業やその先のエンドユーザなどの同意すらなしにデータや通信内容を覗かれる可能性があるということです。たとえ日本国内のリージョンに構築していても例外

ではありません。

これを回避するためには、クラウドサービスの利用契約締結時に準拠法を忘れずに確認しておきましょう。

2017年12月時点では、AWSもAzureも準拠法として日本法を選択できるようになっています。

見積りは「できない」

筆者も費用の見積りについてよく問い合わせを受けます。この中で何より困るのが「計画どおりに費用を使いたい」という要望です。

オンプレミス環境でシステムを構築する場合はサーバの購入費用やソフトウェアの費用は事前にわかりますし、通信量や処理量に応じた従量課金も発生しないことが多いため、3年後や5年後の費用の見積りは比較的容易です。

しかし、パブリッククラウドの環境はそうではありません。費用がどんどん下がります（従量課金制のよいところでもあり、悪いところでもあります）。AWSは2017年12月時点で、AWSサービス開始後から10年ほどの期間で通算60回を超える値下げを実施しています。

「システムを5年間運用する前提で5年分の予算を積んだのに、5年運用したら3年分の予算しか使えていなかった。オレの苦労をどうしてくれるんだ」と言われる可能性もあります。

運用中に課金要素や額が変動する可能性があることは、事前に顧客と合意しておく必要があります。

クラウド事業者が提供するサポートの範囲

多くのクラウドサービス事業者では、サポート契約を締結することでテクニカルサポートを受けることができます。このテクニカルサポートにもいくつか種類があることをご存じでしょうか。

たとえば、AWSでは「ビジネス」以上のサポートを契約することで、ベストエフォートではありますが、サードパーティ製ソフトウェア（OSやOSS

注11）https://it.ojp.gov/PrivacyLiberty/authorities/statutes/1281

のミドルウェアなど）のセットアップや設定、トラブルシュートを受けることが可能です（2017年12月時点）。

また、OSSのミドルウェアを使用した際に、特許侵害などで訴訟されるリスクもゼロではありません。こういった知的財産に関するリスクに備えて、マイクロソフトでは「Azure IP Advantage」と称するサービスを提供しており、Azureの内部で使用しているOSSミドルウェアをターゲットとして訴訟された場合に、マイクロソフトが保有する特許を利用して反論することができます。

提案時にこういった情報も知っておくと、有利に受託に進めることができると思います。

まとめ

本章では「受託開発におけるクラウド利用」をテーマとして、筆者の体験をもとにした発注側企業のクラウド化に関する認識とそれを埋めるための予備知識の一部を紹介しました。ここで紹介したのはほんの一部で、まだまだ数え切れないくらいあります。

受託開発においては、クラウド環境でのシステム構築や運用に関するナレッジはもちろんのこと、旧来のシステム構成や運用に関する常識なども求められます。

顧客の要求が妥当なものか、実現可能なものか、どのような制約が発生するかを答えられる人材が、受託開発をうまく進めるうえで必要不可欠です。

受託開発を進めようとする企業の技術者育成に、本稿が少しでもお役に立てればさいわいです。

著者プロフィール

佐々木拓郎 (特集1)

　NRIネットコム所属。専門はWeb系のシステム開発だが、Webの対象領域拡大に伴い、IoTから機械学習まで担当領域を広げている。趣味でAWSを使っていたら、仕事もAWSになった。さらにプライベートでAWS本を書いてAmazonで売ってと、Amazon依存率が極限まで高まってきている。

西谷圭介 (特集2 第1章)

　金融系システムの開発等に従事した後、新規事業の企画や開発を経て現職。AWSのソリューションアーキテクトとしてスタートアップ、Webサービスを担当し、現在はコンテナ/DevOps/マイクロサービス/サーバーレスなどを専門領域としたエンゲージや技術支援を担当。

福井厚 (特集2 第1章)

　AWS DevOpsスペシャリストソリューションアーキテクト。2015年からAWSソリューションアーキテクトとして活動。前職ではエンタープライズアプリケーションアーキテクチャのコンサルタントとして多数の企業で実装まで含めたコンサルティングを実施。

寳野雄太 (特集2 第2章)

　Google Cloud Japan Customer Engineeringチームに所属するエンジニア。通信会社でクラウドサービスの開発エンジニア、米国駐在を経て現職。ソリューションの提案、お客様プロジェクトのアーキテクチャ設計・プロダクトの技術的な支援を実施。

金子亨 (特集2 第2章)

　Google Cloud Japan Customer Engineeringチームに所属するエンジニア。外資系総合ITベンダー、仮想化ソフトウェアベンダーを経て現職。イノベーティブなテクノロジーと泥臭い現実的課題をうまく結びつけ、華麗に解決することを無上の喜びとする。

廣瀬一海 (特集2 第3章)

　日本マイクロソフト株式会社Azure Technology Solutions Professional。Azureをサービス開始時期から、今までにリリースされたほぼすべてのサービスに触れ、エンタープライズの顧客へのクラウド設計や技術コンサルティングを行う傍ら、登壇や執筆などの情報発信と提供を行っている。通称「デプロイ王子」。

菊池修治 (特集3 第1章)

　クラスメソッド株式会社シニアソリューションアーキテクト。メーカー系 SIer、製造業のインフラエンジニアを経て現職にジョイン。技術ブログ「Developers.IO」(https://dev.classmethod.jp/author/kikuchi-shuji/)にて、日々AWSの最新情報を執筆。

松井基勝 (特集3 第2章)

　家庭用ゲーム機のプログラマー、オンラインゲームのインフラエンジニア、クラウドベンダーのエンジニアを経て、現職のソラコムではこれまでのスキルと経験を総動員し、IoTエンジニアとして活動中。最近犬を飼い始めたので、コネクテッドドッグのユースケースとして紹介できる日を夢見て準備中。

田部井一成 (特集3 第3章)

　ハンズラボ株式会社チーフエンジニア、ソリューションアーキテクト。2013年入社。主に外販案件の担当として、ポイントシステムや在庫管理システムなど、業務システムを手がける。最近はコードを書くことがめっきり減り、PMや営業を担当。趣味はビールと燻製。

吉田裕貴 (特集3 第3章)

　ハンズラボ株式会社所属のエンジニア。SIerから転籍して東急ハンズのポイントシステムを担当。Node.jsを使った開発から運用までやっている。AWS関連が得意で、DynamoDBとRedshiftはお友達。趣味はバイクとアニメと戦車道。

石川修 (特集3 第4章)

　NRIネットコム所属。アプリケーションエンジニアとして入社するが、アプリとインフラという役割分担に疑問を感じ、フロントエンドからインフラまで幅広く担当。エンタープライズ向けWebシステムのアーキテクチャの提案・プロトタイピング・検証を主な業務としている。

竹林信哉 (特集3 第5章)

　NTTコムウェア株式会社にて開発プロジェクトへの技術支援業務に従事。数年前に「久々にちょっとMPIして遊んでくる」とAWSやAzureを使い始め、今では社内からのクラウドに関する問い合わせをほぼ一人で打ち返している。(本業はSparkやElasticsearch)

◆本書サポートページ
http://gihyo.jp/book/2018/978-4-7741-9623-7/support
本書記載の情報の修正／訂正／補足については、当該Webページで行います。

装丁・目次デザイン	トップスタジオデザイン室（轟木 亜紀子）
本文デザイン & DTP	トップスタジオ
編集協力	トップスタジオ
担当	村下 昇平

■お問い合わせについて

本書に関するご質問は記載内容についてのみとさせて頂きます。本書の内容以外のご質問には一切応じられませんので、あらかじめご了承ください。
なお、お電話でのご質問は受け付けておりませんので、書面またはFAX、弊社Webサイトのお問い合わせフォームをご利用ください。

〒162-0846　東京都新宿区市谷左内町21-13
株式会社技術評論社
『クラウドエンジニア養成読本』係
FAX　03-3513-6173
URL　http://gihyo.jp

ご質問の際に記載いただいた個人情報は回答以外の目的に使用することはありません。使用後は速やかに個人情報を廃棄します。

ソフトウェアデザインプラス
Software Design plus シリーズ

クラウドエンジニア養成読本

2018 年 3 月 27 日　初版　第 1 刷　発行

著　者	佐々木 拓郎、西谷 圭介、福井 厚、寶野 雄太、金子 亨、廣瀬 一海、菊池 修治、松井 基勝、田部井 一成、吉田 裕貴、石川 修、竹林 信哉
発行者	片岡　巌
発行所	株式会社技術評論社
	東京都新宿区市谷左内町 21-13
	電話　03-3513-6150　販売促進部
	03-3513-6177　雑誌編集部
印刷所	図書印刷株式会社

定価はカバーに表示してあります。

本書の一部または全部を著作権法の定める範囲を超え、無断で複写、複製、転載、あるいはファイルに落とすことを禁じます。

本書に記載の商品名などは、一般に各メーカーの登録商標または商標です。

※著作権は各記事の執筆者に所属します。

造本には細心の注意を払っておりますが、万一、乱丁（ページの乱れ）や落丁（ページの抜け）がございましたら、小社販売促進部までお送りください。送料小社負担にてお取り替えいたします。

ISBN978-4-7741-9623-7 C3055
Printed in Japan